Denken und Rechnen 3

Herausgegeben von:
Prof. Dr. Hermann Maier

Erarbeitet von:
Angelika Elsner
Dieter Klöpfer
Hermann Maier
Siegfried Müller
Peter Sandmann
Marianne Schindler

Illustrationen von:
Friederike Großekettler
Martina Theisen

westermann

Inhaltsverzeichnis

Rechnen bis 1000

- Geometrie
- Zahlen
- Rechnen
- Sachbezogene Mathematik

Zusätzliches Üben

Höhere Anforderung. Alle Kinder können probieren.

Zusammenhänge zwischen den Aufgaben untersuchen und nutzen.

Automatisierendes Üben (Kopfrechnen)

Wiederholung

Behauptungen überdenken und überprüfen.

Zielgerichtetes Erforschen mathematischer Problemstellungen.

Über individuelle Vorgehensweisen oder über Entdeckungen austauschen.

Knacknüsse zum Nachdenken und Probieren.

Zurück aus den Ferien

1

Ali wollte mit seiner Familie den Zug um 10:08 Uhr nehmen. Der nächste Zug fährt erst um 11:08 Uhr.

2

Anna war in Reit im Winkl in einem Hotel. Bei ihrer Ankunft waren noch acht Betten frei. 67 Betten waren belegt.

3

Stefan war jeden Tag im Swimmingpool. Am ersten Morgen waren 27 Hotelgäste am Pool. 18 Leute kamen nachmittags dazu.

4

Jonas schaute morgens immer auf die Wettertafel. Überlege, an welchen Tagen Jonas beim Baden war und an welchem Tag er ins Museum ging.

5

Sara hat viele Muscheln gefunden. Am 1. Tag 20, am 2. Tag 33 und am 3. Tag 38. Sie wollte 100 Muscheln sammeln.

6

Michi war mit seiner neuen Digitalkamera unterwegs. Der Speicher reicht für 75 Bilder. Am ersten Urlaubstag hatte er schon 27 Bilder gemacht.

7

Katharina hat Postkarten an ihre vier Freunde geschrieben. Jede Karte kostete 50 Cent. Sie brauchte auch Briefmarken zu je 65 Cent.

8

In der Pizzeria bestellte Johann eine mittlere Pizza Margherita, seine Mutter eine kleine Pizza Tonno und sein Vater eine große Pizza Salami.

9

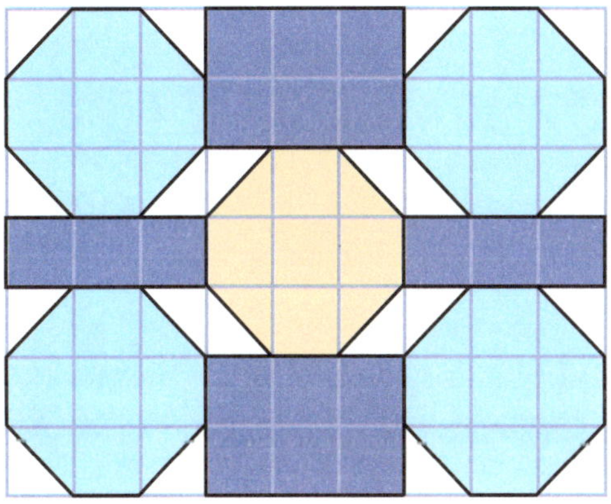

In Tunesien hat Lara schöne Fliesenmuster bewundert.
Kannst du das Muster fortsetzen?

10

Buket hat am ersten Schultag einen Teller aus der Türkei mitgebracht.
Wie viele Dreiecke, Quadrate und Kreise erkennst du?

11

Mara musste mit ihren Eltern an der Gondelbahn Schlange stehen.
Vor ihnen standen 46 Personen.

12

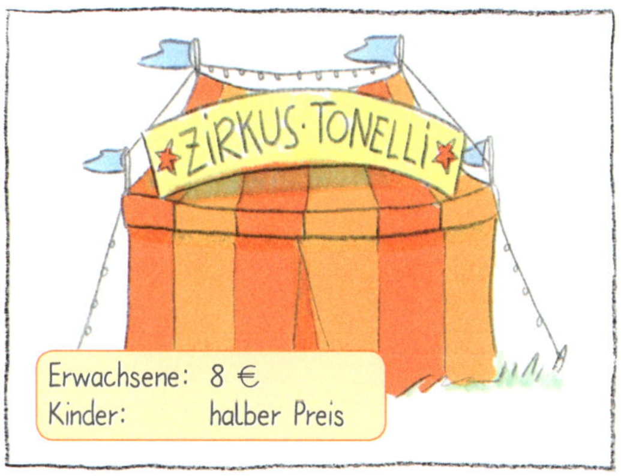

Emil besuchte mit seinen Eltern und seinen zwei Schwestern den Zirkus Tonelli.
Sein Vater bezahlte mit einem 50-€-Schein.

Plus und minus bis 100

1

2

a) 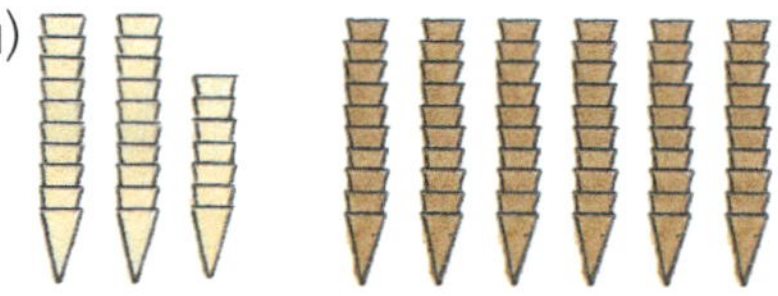

b) 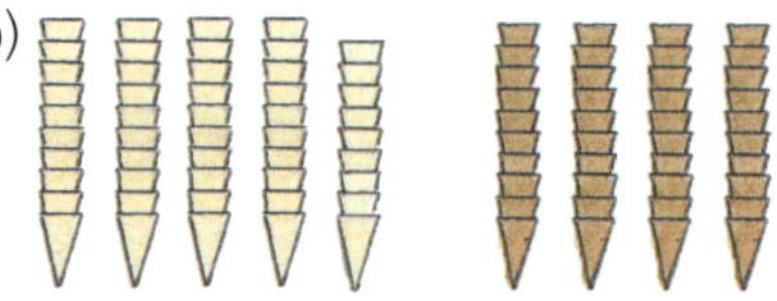

c) 

3

a) 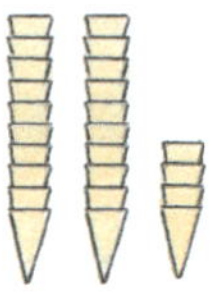

24 + 30
24 + 70
24 + 50

b) 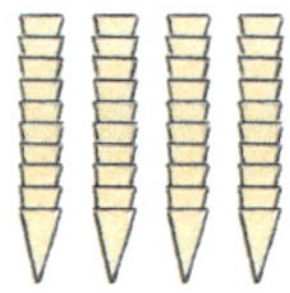

40 + 9
40 + 37
40 + 51

c) 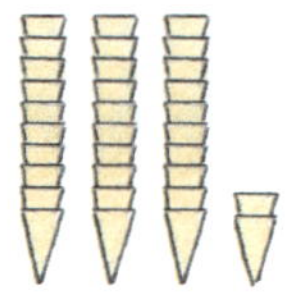

32 + 21
32 + 44
32 + 57

4

50 – 20

a) 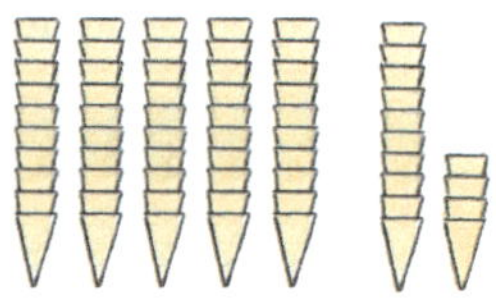

64 – 10
64 – 20
64 – 40

b) 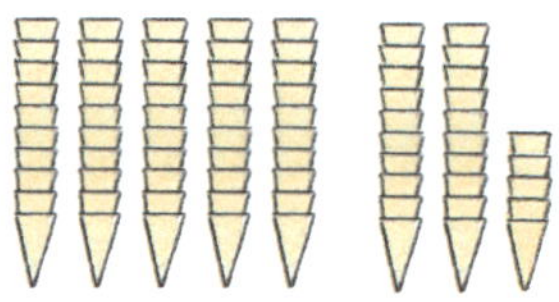

75 – 20
75 – 30
75 – 50

c) 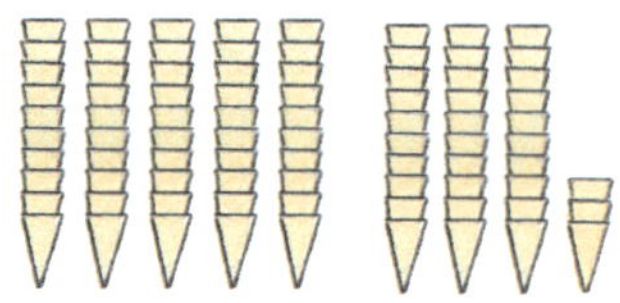

83 – 30
83 – 60
83 – 40

5

a) 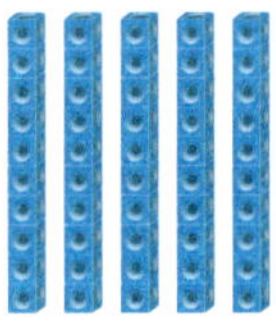

50 – 3
50 – 4
50 – 6

b) 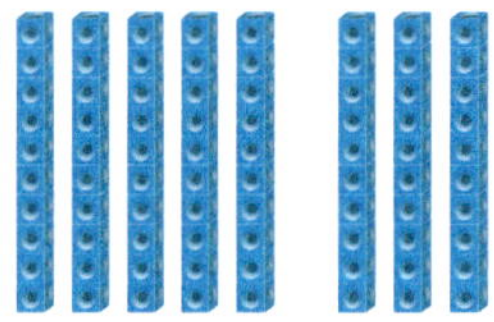

80 – 15
80 – 16
80 – 17

c) 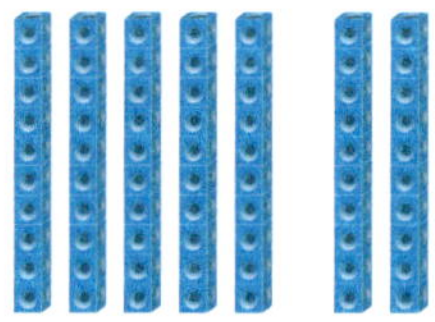

70 – 24
70 – 34
70 – 44

d) 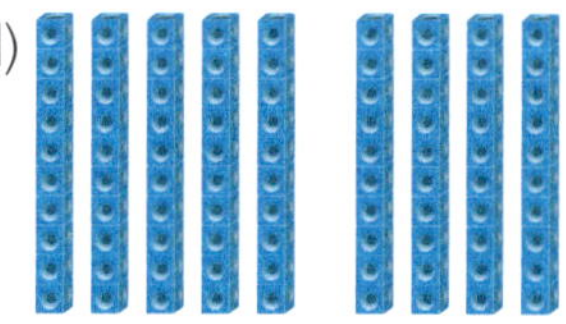

90 – 37
90 – 48
90 – 59

6

a) 70 + 16
40 + 34
50 + 48
30 + 52
60 + 27

b) 55 + 20
28 + 50
49 + 30
37 + 40
14 + 70

c) 70 – 30
80 – 40
60 – 50
90 – 70
50 – 40

d) 79 – 30
52 – 20
65 – 60
84 – 40
96 – 80

e) 30 – 19
70 – 32
90 – 44
80 – 63
60 – 26

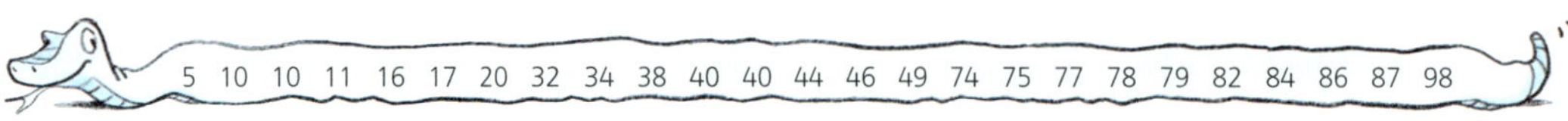

4 Bilder bei der Subtraktion zu Hilfe nehmen.

Plus und minus bis 100

1

67 – 24

Leon
7 – 4 = 3
60 – 20 = 40
40 + 3 = 43

Tim
67 – 4 = 63
63 – 20 = 43

Marie
67 – 20 = 47
47 – 4 = 43

Wie rechnest du?

2 Welchen Weg wählst du?

a)	b)	c)	d)	e)
85 – 44	57 – 14	73 – 21	79 – 17	68 – 44
75 – 23	28 – 26	84 – 44	59 – 38	98 – 64
45 – 12	49 – 35	65 – 34	69 – 29	55 – 24
55 – 31	66 – 43	56 – 51	89 – 36	75 – 34

2 5 14 21 23 24 24 31 31 33 34 40 40 41 41 43 52 52 53 62

3 Rechne und ordne die Ergebnisse der Größe nach. Beginne mit der Aufgabe S.

77 – 23 a | 87 – 65 c | 89 – 27 e | 97 – 33 e | 79 – 46 h

94 – 31 i | 68 – 24 l | 88 – 32 m | 99 – 34 r | 45 – 34 S | 96 – 41 u

4

Sucht verschiedene Rechenwege zu diesen Plusaufgaben.

a) 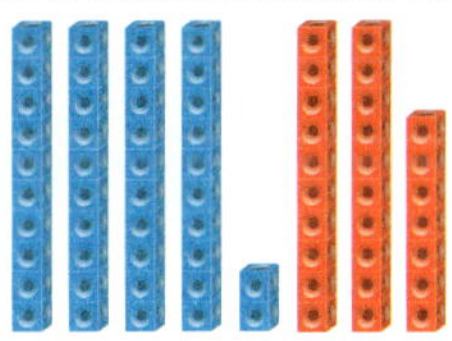

b) 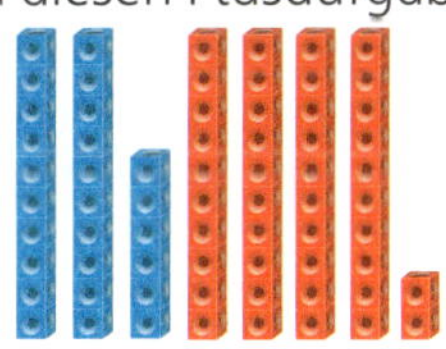

c) 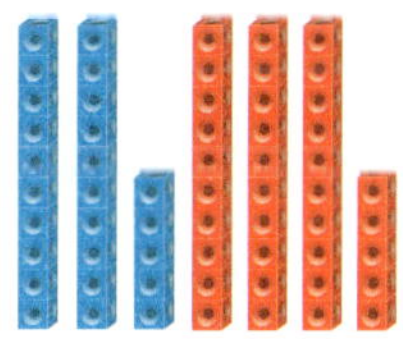

5 Wie rechnest du hier?

a)	b)	c)	d)	e)
71 + 16	55 + 13	72 + 15	72 + 13	34 + 56
46 + 43	27 + 52	23 + 35	56 + 31	76 + 14
55 + 22	41 + 35	65 + 21	24 + 42	35 + 45
67 + 31	74 + 24	84 + 13	45 + 34	63 + 27

58 66 68 76 77 79 79 80 85 86 87 87 87 89 90 90 90 97 98 98

6 a) 

b) 

7

a)	b)	c)	d)
23 + ☐ = 63	44 + ☐ = 66	74 – ☐ = 54	56 – ☐ = 43
54 + ☐ = 94	53 + ☐ = 69	83 – ☐ = 33	77 – ☐ = 32
32 + ☐ = 37	62 + ☐ = 97	96 – ☐ = 91	94 – ☐ = 23
41 + ☐ = 48	34 + ☐ = 100	67 – ☐ = 64	85 – ☐ = 40

2 Notieren, ob der Rechenweg von Leon, Marie oder Tim gewählt wurde.

Plus bis 100 – mit Zehnerüberschreitung

1

49 + 5

2 Kinder haben die Aufgabe 58 + 7 auf verschiedene Weise gerechnet.

a) Anna:

8 + 7 = 15
50 + 15 = 65

Rechne wie Anna.

48 + 8	56 + 7	77 + 6	49 + 7	38 + 6
67 + 7	28 + 7	88 + 9	57 + 6	79 + 8
56 + 6	67 + 8	49 + 8	36 + 5	66 + 9

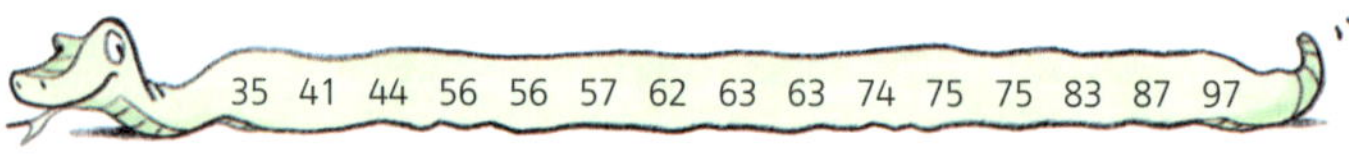

b) Bastian:

58 + 2 = 60
60 + 5 = 65

Rechne wie Bastian.

48 + 4	59 + 7	78 + 3	48 + 5	87 + 8
65 + 7	28 + 5	84 + 9	57 + 8	69 + 6
64 + 9	36 + 8	57 + 6	65 + 9	73 + 9

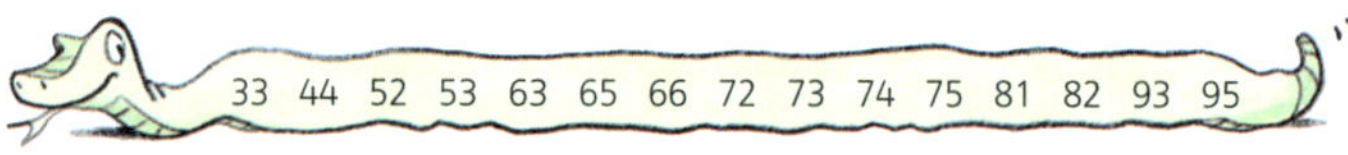

c) Celia:

60 + 7 = 67
67 – 2 = 65

Rechne wie Celia.

48 + 9	56 + 8	78 + 7	49 + 7	87 + 9
67 + 9	26 + 8	88 + 7	59 + 6	67 + 8
86 + 9	36 + 8	48 + 7	69 + 5	57 + 7

3 Wähle einen Rechenweg.

a) 77 + 6	b) 55 + 9	c) 76 + 5	d) 79 + 3	e) 34 + 9
46 + 8	28 + 9	88 + 5	56 + 7	76 + 6
55 + 7	49 + 9	65 + 8	65 + 9	85 + 8

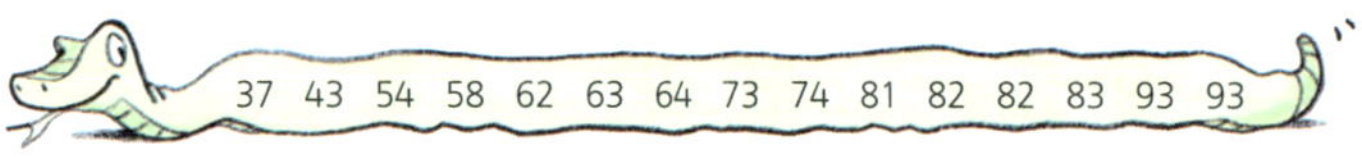

4

a) 37 + 5	b) 26 + 6	c) 18 + 7	d) 49 + 4	e) 24 + 7
37 + 50	26 + 60	18 + 70	49 + 40	24 + 70
f) 68 + 3	g) 35 + 6	h) 29 + 5	i) 16 + 7	j) 57 + 4
68 + 30	35 + 60	29 + 50	16 + 70	57 + 40

3 Evtl. gewählte Rechenwege mit den Namen der Kinder aus Aufgabe **2** kennzeichnen.

Minus bis 100 – mit Zehnerunterschreitung

1

36 – 8

2 Kinder haben die Aufgabe 65 – 7 auf verschiedene Weise gerechnet.

a) Anna:

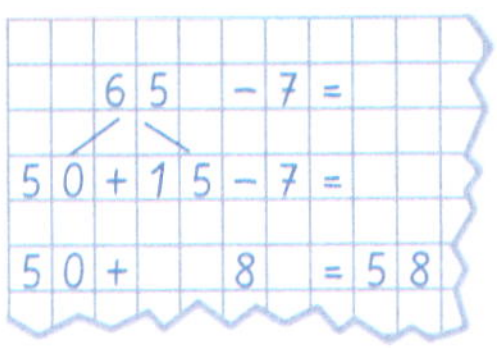

Rechne wie Anna.

31 – 5	53 – 8	65 – 8	83 – 9	94 – 7
62 – 6	92 – 6	73 – 6	45 – 8	32 – 8
48 – 9	34 – 7	85 – 7	51 – 6	71 – 9

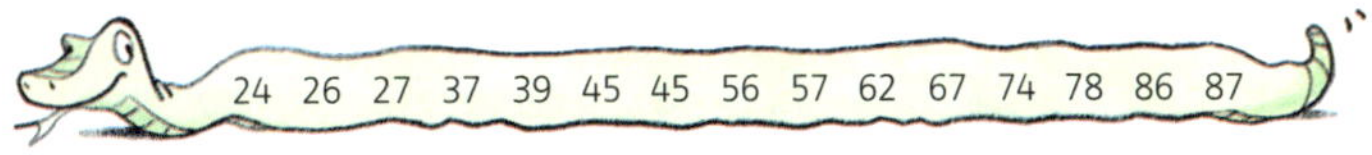

b) Bastian:

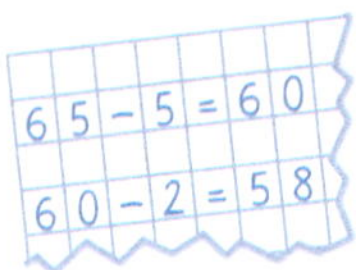

Rechne wie Bastian.

55 – 7	53 – 7	71 – 3	41 – 5	63 – 6
42 – 7	53 – 5	84 – 8	77 – 8	98 – 9
33 – 7	53 – 6	62 – 7	65 – 7	75 – 7

c) Celia:

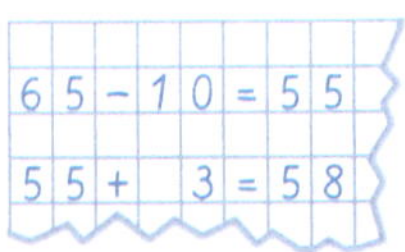

Rechne wie Celia.

67 – 9	56 – 8	74 – 7	42 – 9	53 – 6
48 – 9	26 – 8	81 – 7	54 – 8	76 – 7
35 – 9	86 – 8	93 – 7	66 – 7	84 – 8

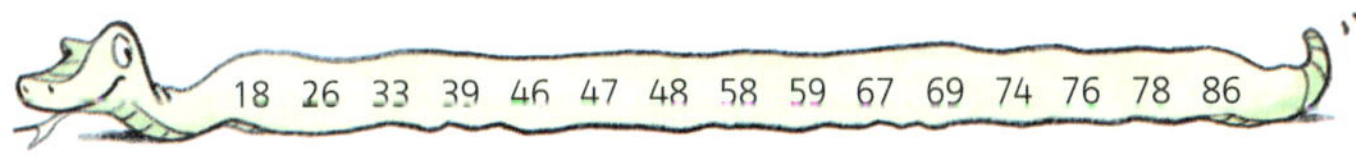

3 Welchen Rechenweg wählst du?

a)	b)	c)	d)	e)
75 – 6	66 – 9	73 – 6	93 – 6	33 – 9
45 – 8	57 – 9	84 – 7	75 – 7	44 – 8
55 – 7	28 – 9	65 – 8	54 – 8	55 – 6
95 – 9	49 – 9	36 – 9	61 – 9	66 – 7

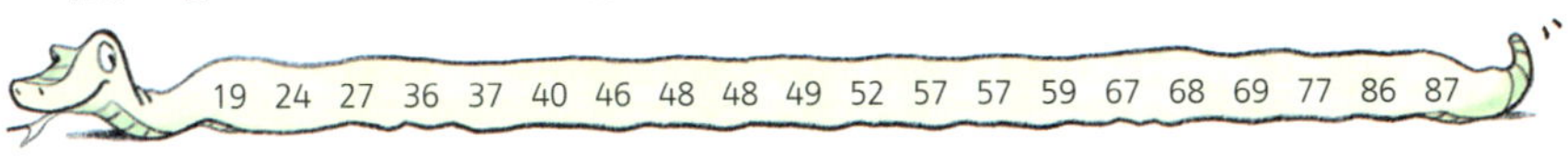

4

a)

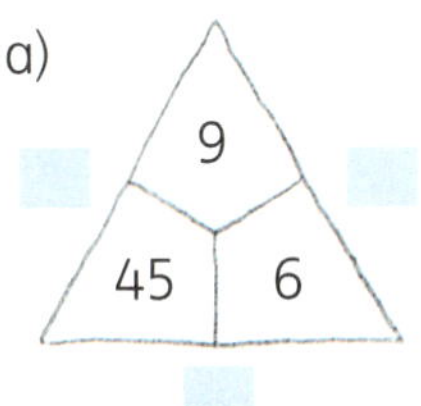

b)

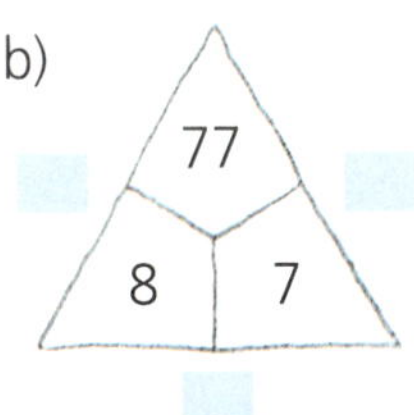

c)

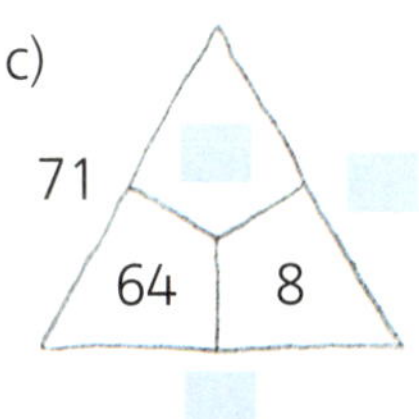

d)

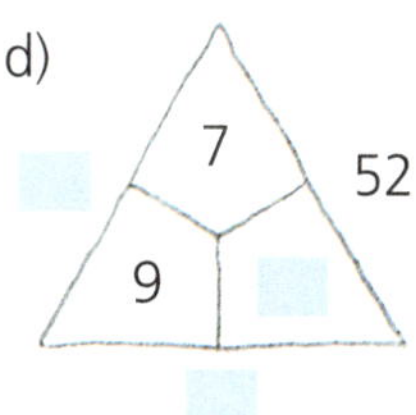

3 Evtl. gewählte Rechenwege mit den Namen der Kinder aus Aufgabe **2** kennzeichnen.
4 Evtl. Kopiervorlage verwenden.

Plus und minus bis 100

1 

Sucht verschiedene Rechenwege zu diesen Plusaufgaben.

a) 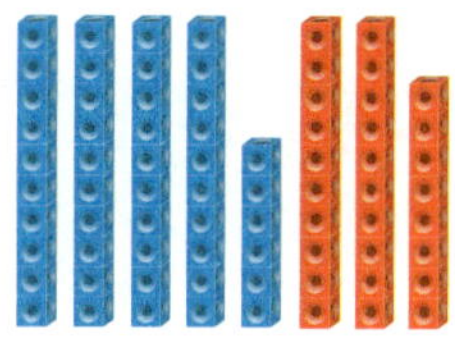

b) 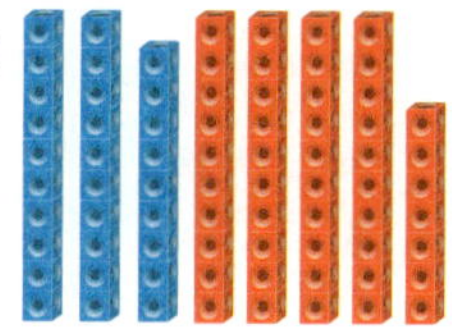

c) 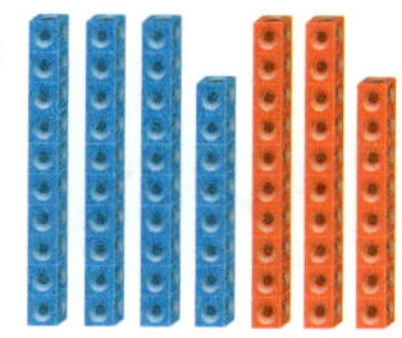

2
a) 67 + 17
48 + 28

b) 56 + 37
28 + 57

c) 38 + 36
58 + 19

d) 49 + 28
57 + 16

e) 26 + 55
43 + 19

3
a) 77 + 16
46 + 48

b) 55 + 19
28 + 59

c) 76 + 15
28 + 35

d) 79 + 13
56 + 37

e) 34 + 59
76 + 16

4 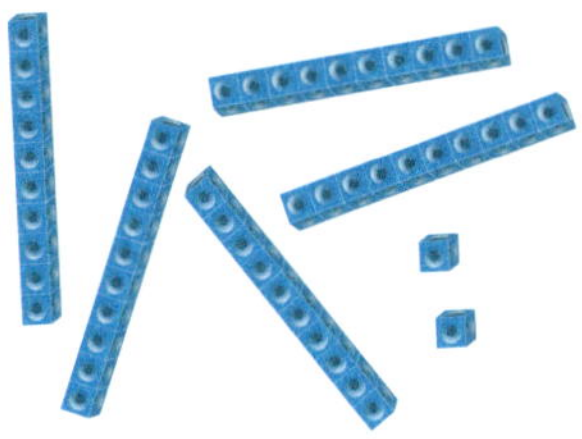

Wie rechnest du?

52 – 16

Andi
52 – 10 = 42
42 – 6 = 36

Leon
52 – 6 = 46
46 – 10 = 36

Mara
52 – 2 = 50
50 – 14 = 36

5 Welchen Weg wählst du?

a) 75 – 28
45 – 17
55 – 36

b) 57 – 19
88 – 29
41 – 35

c) 73 – 24
84 – 47
65 – 39

d) 71 – 17
53 – 38
64 – 29

e) 62 – 44
91 – 66
55 – 27

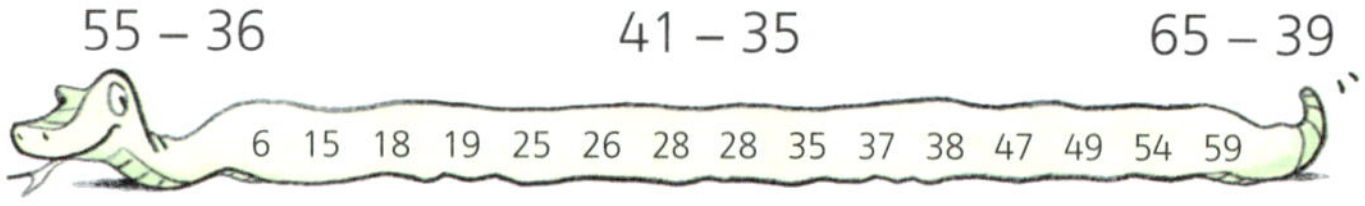

6
a) 59 + ☐ = 83
36 + ☐ = 61
47 + ☐ = 72

b) 27 + ☐ = 63
55 + ☐ = 92
68 + ☐ = 81

c) 74 – ☐ = 39
83 – ☐ = 68
92 – ☐ = 77

d) 56 – ☐ = 28
74 – ☐ = 47
85 – ☐ = 39

7 Rechne zu jeder Aufgabe auch die Umkehraufgabe.

a) 76 + 16
47 + 34
15 + 48

b) 55 + 27
28 + 53
49 + 31

c) 73 – 36
84 – 47
61 – 58

d) 78 – 39
52 – 25
65 – 47

e) 31 – 19
73 – 36
92 – 44

8
a) 

b) 

c) 

d) 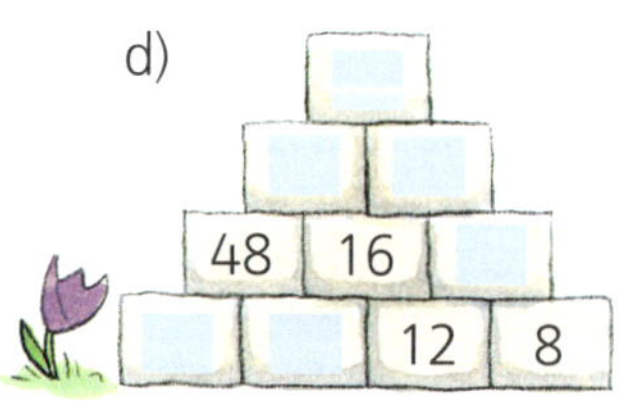

2 und **3** Mit Material legen. **5** Evtl. kennzeichnen, welcher Weg gewählt wurde.
8 Evtl. Kopiervorlage verwenden.

Formen und Muster

1

Zeichne ein Quadrat. Schneide es aus. Falte es dreimal. Falte das Blatt wieder auseinander und schneide entlang der Faltlinien. Wie viele gleich große Dreiecke erhältst du?

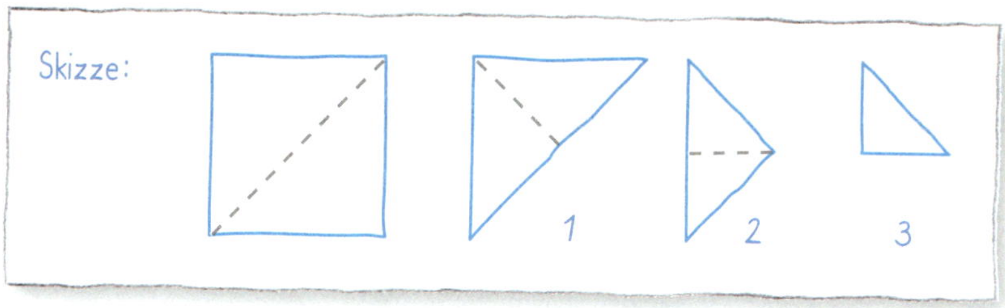

2 Lege mit 8 dreieckigen Plättchen das Quadrat.
Durch Umlegen von 2 Plättchen entstehen aus dem Quadrat die anderen Figuren.

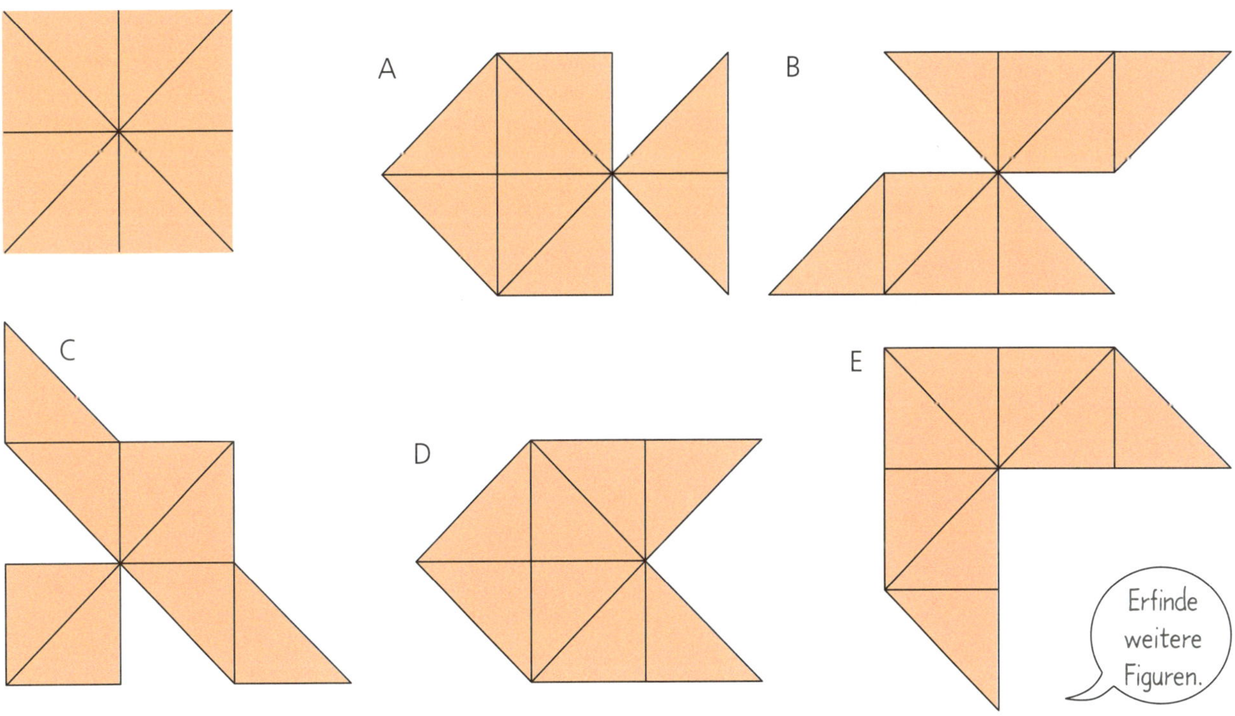

3 Zeichne das Muster und setze fort.

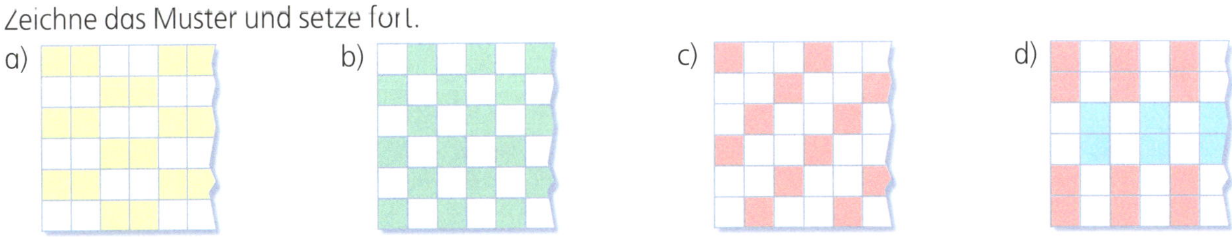

2 Evtl. mehrere Vorlagen herstellen und Figuren aufkleben.

Körper bauen

1 Baue diesen Würfel. Verwende als Kanten Stäbchen und für die Ecken Knetmasse.

a) Wie viele Stäbchen brauchst du?

b) Wie viele Kugeln aus Knetmasse brauchst du?

c) Dies ist ein Stäbchen. Miss die Länge.

d) Wie lang sind alle Stäbchen zusammen?

2 Welche Flächen brauchst du, um diese beiden Würfel mit Farbfolie zu bekleben? Zeichne die Flächen.

A

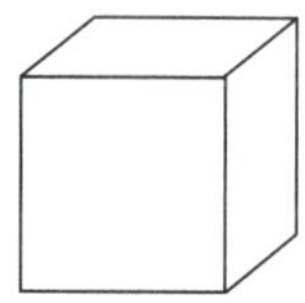

4 cm

B

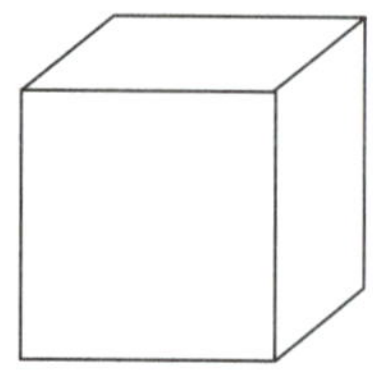

6 cm

3 Baue nach. Zeichne die zugehörigen Baupläne.

a)

b)

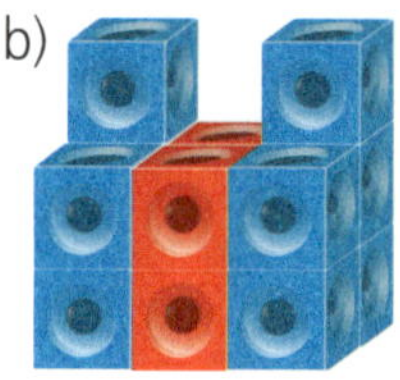

c)

d)

e)

f)

g)

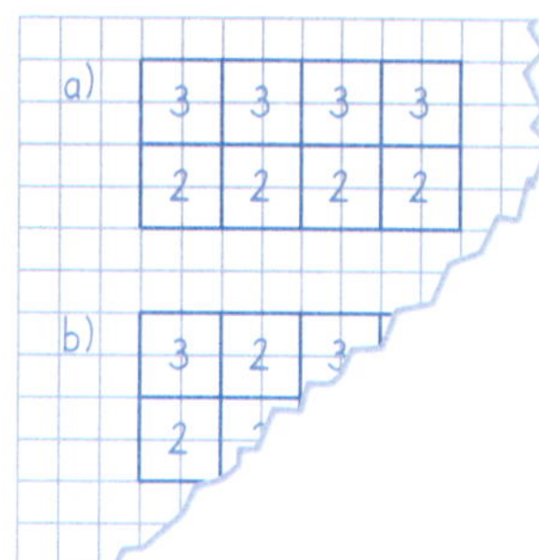

4 a) Baue nach Plan.

A

1	2	3	2
2	3	2	1
3	2	1	2
2	1	2	3

B

1	1	1	1
2	2	2	2
3	3	3	3
2	2	2	2

C

1	2	3	2
1	2	3	2
1	2	3	2
1	2	3	2

D

4	3	3	4
3	5	5	3
3	5	5	3
4	3	3	4

E

1	2	3	4
2	3	4	5
3	4	5	6
4	5	6	7

F

2	1	1	2
1	2	2	1
1	2	2	1
2	1	1	2

G

4	4	4	4
4	2	2	4
4	2	2	4
4	4	4	4

H

2	2	3	3
2	2	3	3
3	3	2	2
3	3	2	2

b) Wie viele Würfel brauchst du jeweils?

4 Selbst Baupläne entwerfen und zum Bauen weitergeben.

Falten und Schneiden

1

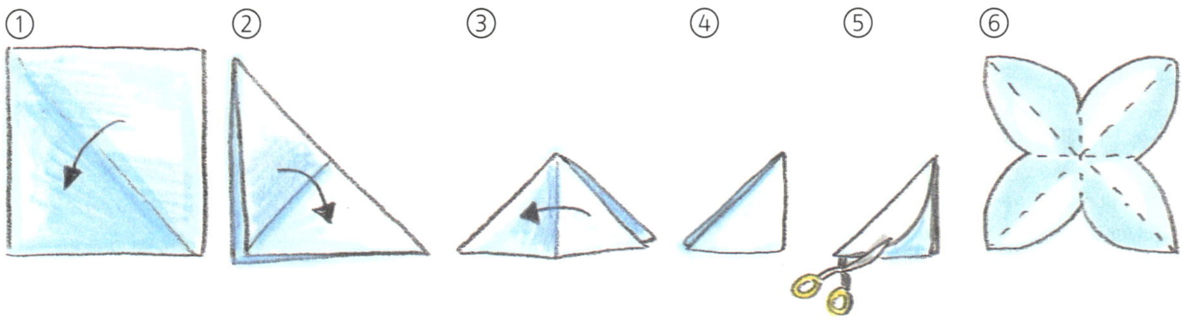

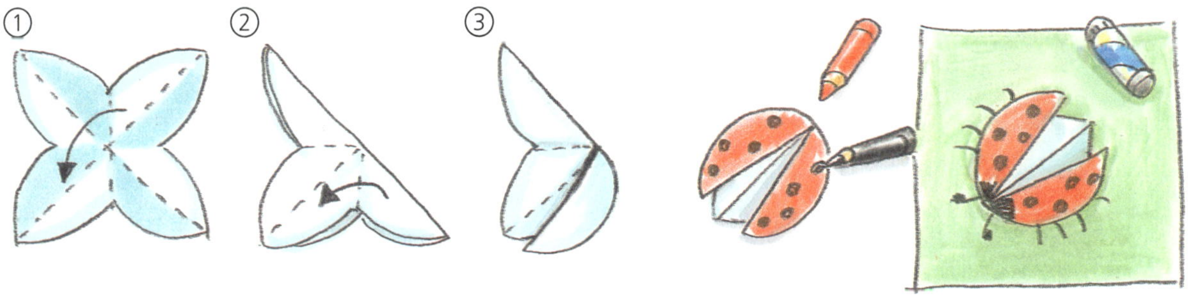

2 Du kannst durch ein Blatt Papier steigen.

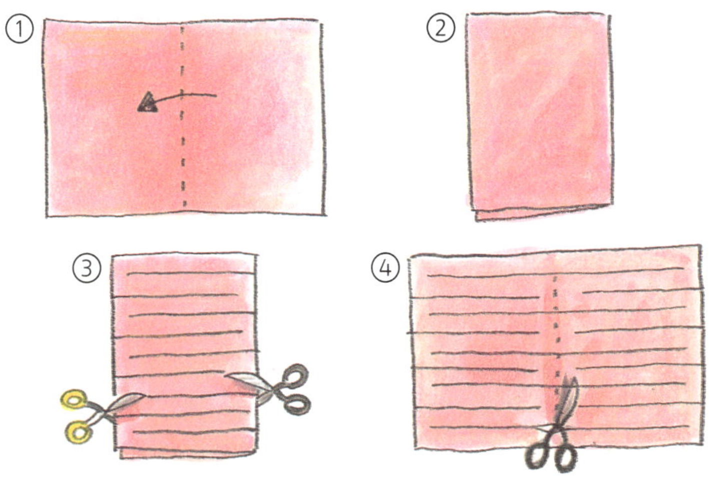

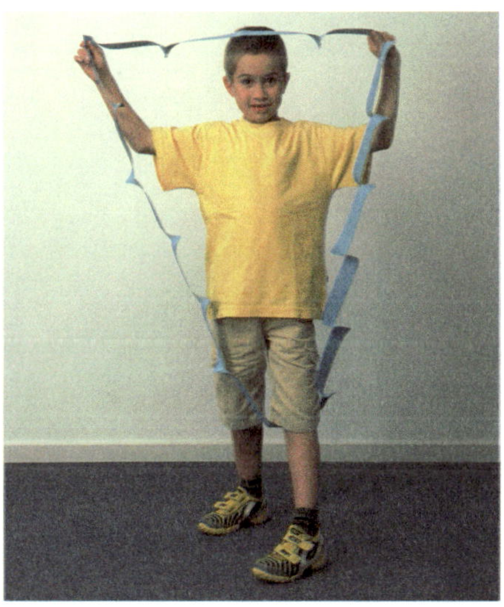

1 Falten und schneiden – Symmetrie nutzen.

Zahlenmauern und Rechenzeichen

1 

Vertauscht die vier Steine in der unteren Reihe. Verändert sich dadurch die Zahl im obersten Stein?

2 a) 

b) 

c) 

d) 

3 Wo passen die Zahlen?

a) 

11 | 17 | 18 | 23 | 23 | 34 | 34 | 68

b) 

7 | 7 | 24 | 26 | 31 | 40 | 45 | 85

c) 

8 | 8 | 11 | 12 | 16 | 19 | 20 | 35 | 36 | 71

4 Welche Rechenzeichen passen? + − · :

a)	b)	c)	d)
6 + 6 = 12	8 ◯ 8 = 64	7 ◯ 7 = 49	3 ◯ 3 = 0
6 ◯ 6 = 36	8 ◯ 8 = 16	7 ◯ 7 = 14	3 ◯ 3 = 9
6 ◯ 6 = 1	8 ◯ 8 = 0	7 ◯ 7 = 0	3 ◯ 3 = 1
6 ◯ 6 = 0	8 ◯ 8 = 1	7 ◯ 7 = 1	3 ◯ 3 = 6
18 ◯ 6 = 24	56 ◯ 8 = 7	14 ◯ 7 = 21	24 ◯ 3 = 8
18 ◯ 6 = 3	56 ◯ 8 = 64	14 ◯ 7 = 2	24 ◯ 3 = 27

5 Hier fehlen immer zwei Rechenzeichen. + − · :

a)	b)	c)	d)
9 ◯ 9 ◯ 9 = 90	7 ◯ 7 ◯ 7 = 42	6 ◯ 6 ◯ 6 = 30	8 ◯ 8 ◯ 8 = 8
9 ◯ 9 ◯ 9 = 72	7 ◯ 7 ◯ 7 = 8	6 ◯ 6 ◯ 6 = 6	8 ◯ 8 ◯ 8 = 72
9 ◯ 9 ◯ 9 = 10	7 ◯ 7 ◯ 7 = 7	6 ◯ 6 ◯ 6 = 42	8 ◯ 8 ◯ 8 = 56
9 ◯ 9 ◯ 9 = 9	7 ◯ 7 ◯ 7 = 56	6 ◯ 6 ◯ 6 = 18	8 ◯ 8 ◯ 8 = 9
9 ◯ 9 ◯ 9 = 27	7 ◯ 7 ◯ 7 = 21	6 ◯ 6 ◯ 6 = 7	8 ◯ 8 ◯ 8 = 24

6

a)	b)	c)	d)	e)
48 + 16	23 + 28	27 + 55	71 − 53	64 − 47
67 + 26	43 + 29	65 + 18	82 − 36	88 − 59
56 + 36	14 + 57	19 + 76	54 − 37	74 − 49
56 + 25	26 + 48	12 + 57	41 − 35	62 − 37
28 + 24	38 + 29	36 + 28	62 − 45	56 − 39

1 bis 3 Evtl. Kopiervorlage verwenden.

1

Liste der Spenden:

- 10 Kartons mit je 3 Trinkgläsern
- 5 Packungen mit je 4 Tennisbällen
- 5 Bücherpakete mit je 2 Büchern
- 5 Packungen mit je 10 Luftballons
- 10 Packungen mit je 7 Bleistiften
- 5 Kartons mit je 6 Fruchtsäften
- 2 Zimmerpflanzen
- 1 Radio
- 10 Packungen mit je 9 Spielzeugautos
- 10 Kartons mit je 8 Rollen Keksen

Wie viele einzelne Gegenstände von jeder Art gibt es zu gewinnen?

Trinkgläser: 10 · 3 =
Tennisbälle: 5 · 4 =

2 Wie viele Gewinne werden in der ersten Stunde abgeholt?

a) Trinkgläser: 5 Kartons
b) Tennisbälle: 2 Packungen
c) Bücher: 2 Pakete
d) Bleistifte: 5 Packungen
e) Luftballons: 2 Packungen
f) Spielzeugautos: 5 Packungen

a) 5 · 3 =

3 Das sind die Restbestände am Ende der Veranstaltung.

a) Bleistifte: 2 Packungen und 5 Stück
b) Luftballons: 1 Packung und 6 Stück
c) Tennisbälle: 1 Packung und 1 Stück.

a) 2 · 7 + 5 = (14)
b) 1 · 10 + 6 =

4 Rechne alle Kernaufgaben.

a) 1 · 8   1 · 8 = 8 → 2 · 8 =
↓
10 · 8 = 80 → 5 · 8 =

Das Ein-, Zwei-, Fünf-, Zehnfache und die Quadrataufgaben sind Kernaufgaben.

b) 1 · 7   c) 1 · 7
d) 1 · 9   e) 1 · 0
f) 1 · 4   g) 1 · 5

1 · 3 —das Doppelte→ 2 · 3
↓ das Zehnfache
10 · 3 —die Hälfte→ 5 · 3

5 Rechne die Quadrataufgaben.

a)	b)	c)
10 · 10	2 · 2	3 · 3
5 · 5	4 · 4	6 · 6
7 · 7	8 · 8	9 · 9

6 Übe die Kernaufgaben.

a)	b)	c)	d)
1 · 1	2 · 1	5 · 1	10 · 1
1 · 2	2 · 2	5 · 2	10 · 2
1 · 3	2 · 3		
1 · 4	2 · 4		

Von Kernaufgaben zu anderen Einmaleinssätzen

1 a)

$5 \cdot 4 + 1 \cdot 4 = 6 \cdot 4$

(20) (4) (24)

b)
$5 \cdot 2 + 1 \cdot 2$
$5 \cdot 6 + 1 \cdot 6$
$5 \cdot 9 + 1 \cdot 9$
$5 \cdot 5 + 1 \cdot 5$

c)
$2 \cdot 1 + 1 \cdot 1$
$2 \cdot 2 + 1 \cdot 2$
$2 \cdot 4 + 1 \cdot 4$
$2 \cdot 8 + 1 \cdot 8$

d)
$2 \cdot 5 + 1 \cdot 5$
$2 \cdot 7 + 1 \cdot 7$
$2 \cdot 3 + 1 \cdot 3$
$2 \cdot 9 + 1 \cdot 9$

2 a)

$5 \cdot 5 + 2 \cdot 5 = 7 \cdot 5$

b)
$5 \cdot 2 + 2 \cdot 2$
$5 \cdot 4 + 2 \cdot 4$
$5 \cdot 6 + 2 \cdot 6$
$5 \cdot 8 + 2 \cdot 8$
$4 \cdot 4 + 2 \cdot 4$
$6 \cdot 6 + 2 \cdot 6$

c)
$5 \cdot 10 + 2 \cdot 10$
$5 \cdot 7 + 2 \cdot 7$
$5 \cdot 3 + 2 \cdot 3$
$5 \cdot 9 + 2 \cdot 9$
$3 \cdot 3 + 1 \cdot 3$
$7 \cdot 7 + 1 \cdot 7$

3 a)

$2 \cdot 3 + 2 \cdot 3 = 4 \cdot 3$

b)
$2 \cdot 2 + 2 \cdot 2$
$2 \cdot 4 + 2 \cdot 4$
$2 \cdot 8 + 2 \cdot 8$
$2 \cdot 10 + 2 \cdot 10$

c)
$2 \cdot 5 + 2 \cdot 5$
$2 \cdot 6 + 2 \cdot 6$
$2 \cdot 7 + 2 \cdot 7$
$2 \cdot 9 + 2 \cdot 9$

d)
$1 \cdot 1 + 1 \cdot 1$
$5 \cdot 5 + 5 \cdot 5$
$4 \cdot 4 + 4 \cdot 4$
$3 \cdot 3 + 3 \cdot 3$

4 a)

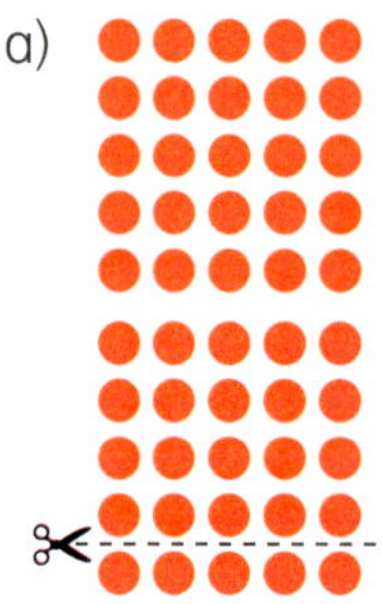

$10 \cdot 5 - 1 \cdot 5 = 9 \cdot 5$

b)
$10 \cdot 2 - 1 \cdot 2$
$10 \cdot 3 - 1 \cdot 3$
$10 \cdot 6 - 1 \cdot 6$
$10 \cdot 9 - 1 \cdot 9$

c)
$10 \cdot 1 - 1 \cdot 1$
$10 \cdot 7 - 1 \cdot 7$
$10 \cdot 8 - 1 \cdot 8$
$10 \cdot 10 - 1 \cdot 10$

d)
$10 \cdot 10 - 2 \cdot 10$
$10 \cdot 5 - 2 \cdot 5$
$10 \cdot 4 - 2 \cdot 4$
$10 \cdot 2 - 2 \cdot 2$

e)
$10 \cdot 6 - 2 \cdot 6$
$10 \cdot 8 - 2 \cdot 8$
$10 \cdot 3 - 2 \cdot 3$
$10 \cdot 7 - 2 \cdot 7$

f)
$5 \cdot 4 - 1 \cdot 4$
$5 \cdot 3 - 1 \cdot 3$
$5 \cdot 7 - 1 \cdot 7$
$5 \cdot 6 - 1 \cdot 6$

g)
$8 \cdot 8 - 1 \cdot 8$
$9 \cdot 9 - 1 \cdot 9$
$7 \cdot 7 - 1 \cdot 7$
$4 \cdot 4 - 1 \cdot 4$

5 Wie heißen die Kernaufgaben?

a)

$6 \cdot 7$

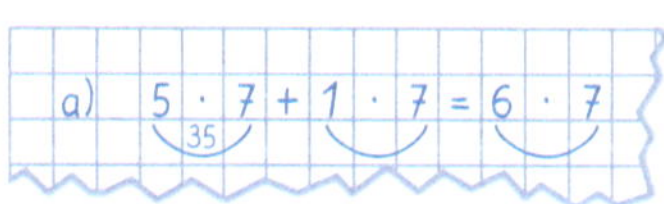

b)

$4 \cdot 8$

c)

$9 \cdot 8$

d)

$3 \cdot 9$

e)

$6 \cdot 9$

f)

$9 \cdot 6$

g)

$7 \cdot 8$

5 f, g: Mehrere Lösungen möglich.

1

9 · 4

10 · 4 − 1 · 4 = 9 · 4
40 4 36
Thomas

5 · 4 + 4 · 4 = 9 · 4
20 16 36
Carmen

2 · 9 + 2 · 9 = 4 · 9
18 18 36
Klaus

Wie rechnest du?

2 Rechne auf deine Weise.

a) 6 · 7 b) 9 · 5 c) 3 · 7 d) 8 · 4 e) 9 · 8 f) 8 · 6
g) 3 · 8 h) 6 · 3 i) 4 · 8 j) 7 · 3 k) 8 · 8 l) 9 · 3
m) 6 · 5 n) 3 · 4 o) 8 · 7 p) 4 · 7 q) 8 · 2 r) 9 · 6

3

a) 3 · 2, 3 · 4, 3 · 8
b) 6 · 2, 6 · 4, 6 · 8
c) 9 · 8, 9 · 4, 9 · 2
d) 8 · 8, 8 · 4, 8 · 2
e) 7 · 2, 7 · 4, 7 · 8
f) 3 · 3, 6 · 3, 9 · 3
g) 3 · 9, 6 · 9, 9 · 9
h) 10 · 2, 9 · 2, 8 · 2
i) 2 · 7, 4 · 7, 8 · 7
j) 1 · 7, 2 · 7, 3 · 7

4

a) 2 · 9 = 18
3 · 9 = 26

b) 10 · 7 = 70
9 · 7 = 61

c) 5 · 8 = 40
4 · 8 = 48

d) 2 · 8 = 16
3 · 8 = 17

e) 5 · 6 = 30
6 · 6 = 36

f) 10 · 8 = 80
9 · 8 = 79

g) 5 · 7 = 35
4 · 7 = 28

h) 2 · 4 = 8
3 · 4 = 12

i) 10 · 6 = 60
9 · 6 = 55

j) 5 · 5 = 25
6 · 5 = 31

k) 2 · 7 = 14
3 · 7 = 21

5 Rechne zuerst die Kernaufgabe.

a) 4 · 3

a) 5 · 3 = 15
4 · 3 =

b) 6 · 4 c) 9 · 2 d) 4 · 8 e) 6 · 7
f) 3 · 7 g) 9 · 6 h) 4 · 9 i) 3 · 6 j) 9 · 5
k) 9 · 3 l) 3 · 5 m) 6 · 8 n) 4 · 7 o) 3 · 8

6

Einmaleins – Sachaufgaben

Für

bekommst du

1 Zwerg Peter bekommt 5 €. Er lässt sie in Zwergen-Taler wechseln.

2 Zwerg Otto findet in einer Schatztruhe 10 €. Er tauscht sie in Zwergen-Taler.

3

Zwerg Siegfried ändert die Preise in Zwergen-Taler. Schreibe die neuen Preise auf.

4 Zwerg Emil stellt für die Zwergen-Bank eine Umtausch-Tabelle auf.

€	1	2	3	4	5	6	7	8	9
ZT	7								

5 Ein Besucher im Zwergenland kauft:

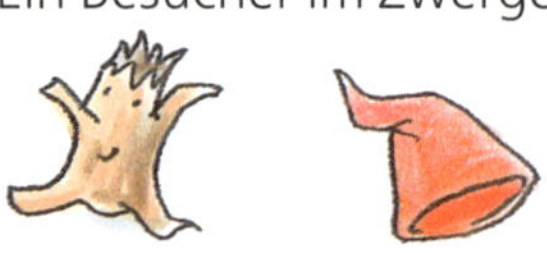

Er bezahlt mit ZT .

6 Gestern wurden an einen Besucher verkauft:

Reichen 100 ZT ?

7 Schreibe die Rechnung. Es wird mit Zwergen-Talern bezahlt.

a) 

b) 

c) 

d) 

8 Was könnten die Besucher gekauft haben? Schreibe Rechengeschichten.

a) 56 ZT + 49 ZT b) 21 ZT + 63 ZT c) 28 ZT + 42 ZT d) 49 ZT + 35 ZT

9

Zwerg Hermann verpackt Edelsteine in Vierer- und Dreierschachteln.

Er füllt
a) 4 Viererschachteln und 5 Dreierschachteln
b) 5 Viererschachteln und 10 Dreierschachteln
c) 2 Viererschachteln und 5 Dreierschachteln
d) 8 Viererschachteln und 6 Dreierschachteln
e) 7 Viererschachteln und 7 Dreierschachteln

10 Wie viele Schachteln von jeder Art braucht Zwerg Hermann?

a) für 14 Edelsteine
b) für 18 Edelsteine
c) für 25 Edelsteine
d) für 10 Edelsteine
e) für 11 Edelsteine
f) für 17 Edelsteine
g) für 40 Edelsteine
h) für 7 Edelsteine
i) für 71 Edelsteine

11 Zwerg Stefan erledigt jede Woche für sich und seine zwei Freunde den Einkauf. Er kauft immer für 7 Tage ein.

Ein Zwerg braucht am Tag:
1 Brot
2 Flaschen Wasser
3 Würste
5 Karotten
4 Äpfel

Schreibe einen Einkaufszettel für Zwerg Stefan.

12 Das Zwergen-Zauber-Dreieck.

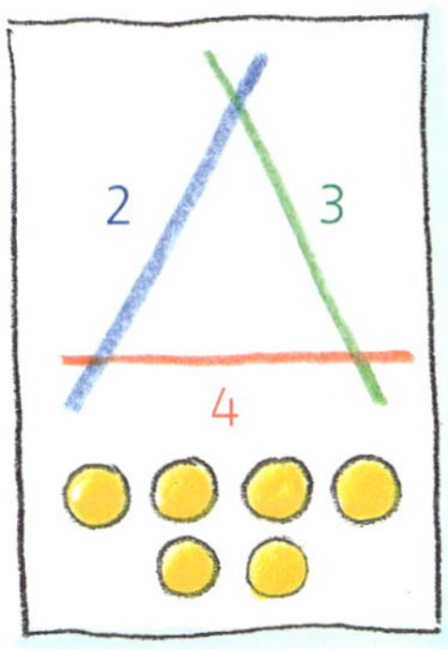

Zwerg Oswin fragt:
„Kannst du 6 Plättchen so legen, dass 2 Plättchen auf der blauen Linie liegen, 4 Plättchen auf der roten Linie und 3 Plättchen auf der grünen Linie?"

Zwerg Karl hat die Lösung gefunden.

a) Findest du die Lösung für die anderen Zwergen-Zauber-Dreiecke?

zum Knobeln – Probiere, Radiere

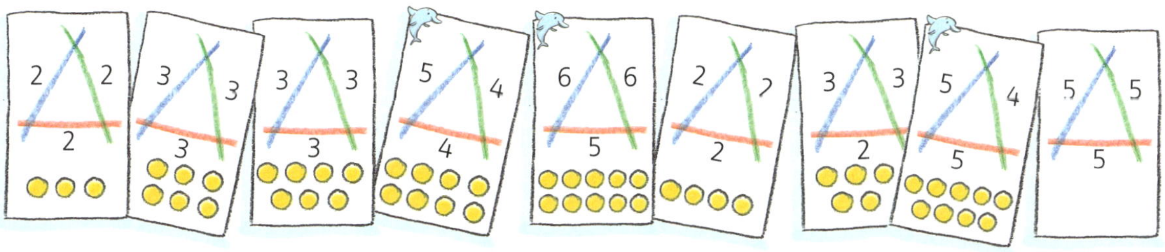

b) Suche eigene Zwergen-Zauber-Dreiecke.

Große Anzahlen

1 Sind es mehr als 100 oder weniger als 100? Schätze.

2 Perlen schätzen.

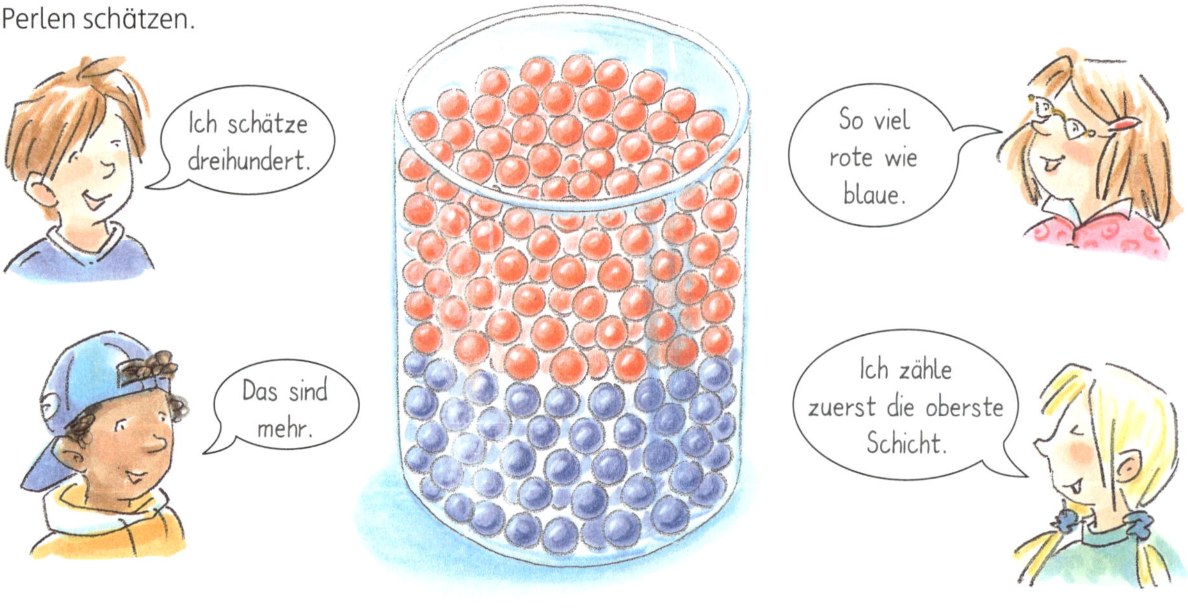

Die Zahlen bis 1000 – Tausenderkette

1

2 Die Klasse 3a hat immer 10 gleiche Perlen auf einen Pfeifenputzer aufgefädelt.

Gruppe A

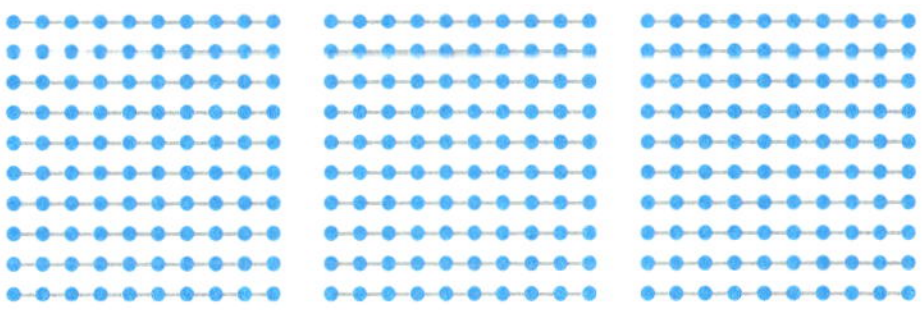

Gruppe B

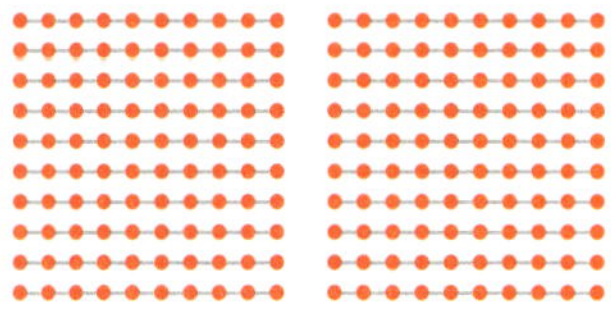

Gruppe C

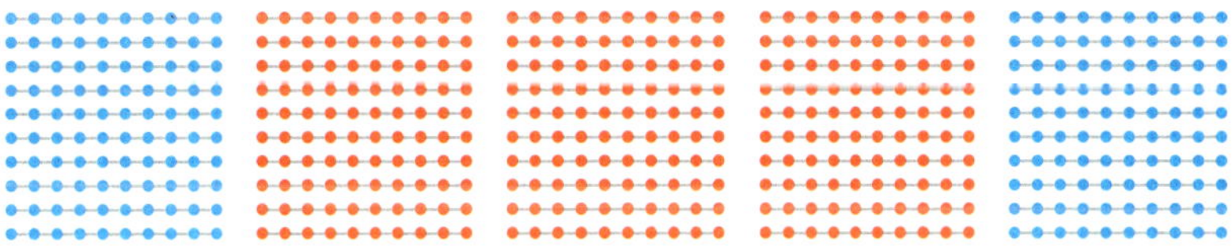

a) Wie viele Pfeifenputzer werden für 100 Perlen benötigt?
b) Wie viele Pfeifenputzer werden für die ganze Kette benötigt?

3 Wie viele Perlen haben die Kinder aufgefädelt?
a) Gruppe A? Gruppe B? Gruppe C?
b) Guppe A und Gruppe B zusammen?
c) Gruppe C und Gruppe B zusammen?
d) Gruppe A und Gruppe C zusammen?
e) Alle drei Gruppen zusammen?

4 Wie viele Perlen von jeder Farbe sind es? Vergleiche.

5 Die abgebildete Kette ist so aufgebaut:

100 + 100 + 100 + 100 + 100 + 100 + 100 + 100 + 100 + 100

Suche andere Möglichkeiten.

Die Zahlen bis 1000 – Stellenwertsystem

1 a)

b) Wie viele kleine Würfel sind jeweils dargestellt?

2 Immer 1000. Erkläre den Unterschied von Bild zu Bild.

1 Tausender = ☐ Hunderter = ☐ Zehner = ☐ Einer

3 Notiere in der Tabelle.

	H	Z	E	Zahl
a)	3	2	5	325
b)				

a) 

b) 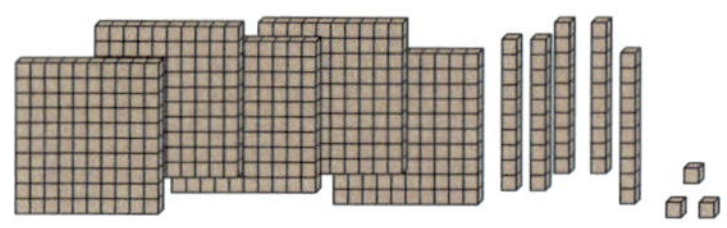

c) 

d) 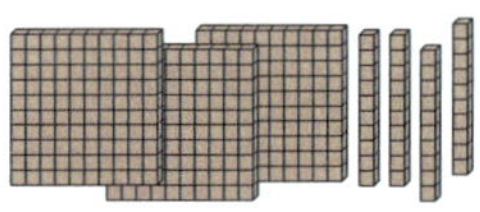

e) 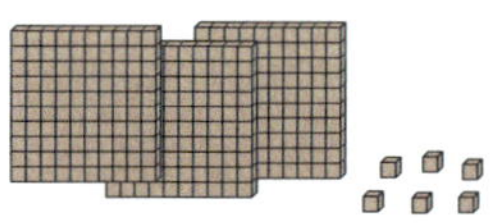

f) 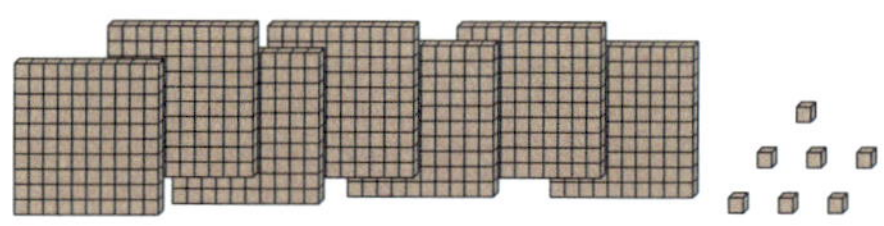

g) 

h) 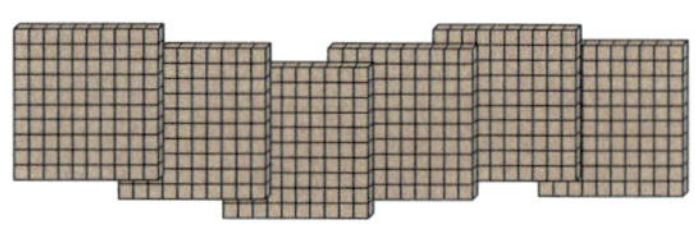

i) 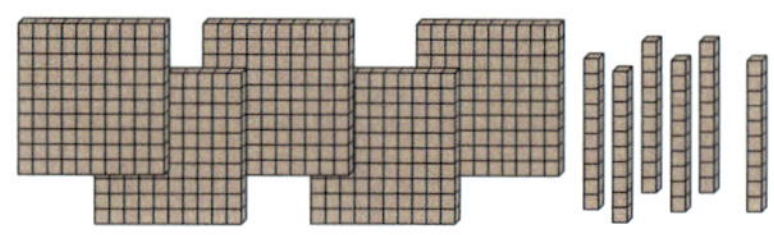

j) 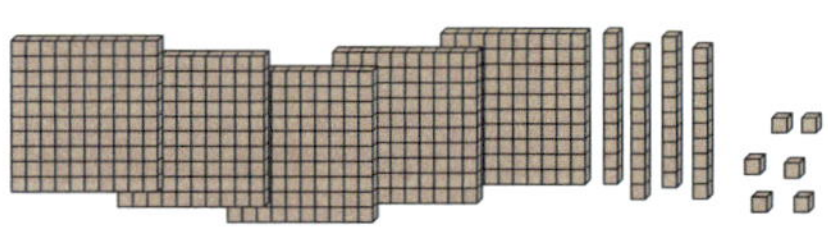

k) 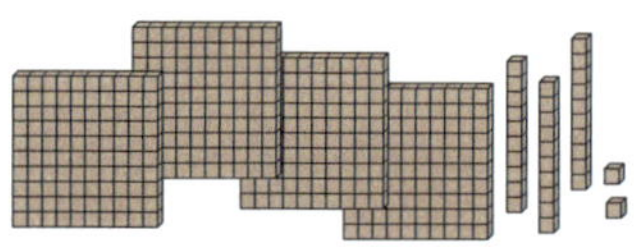

l) 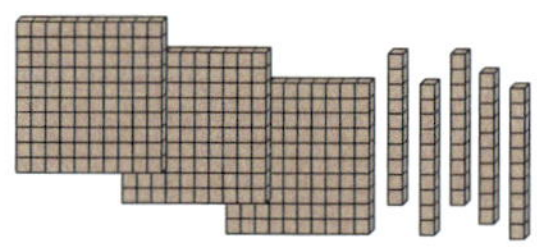

4 Lies die Zahl.

8	2 1
achthundert	einundzwanzig

a)	b)	c)	d)	e)
821	935	684	412	370
307	201	711	530	109
999	800	801	352	493
546	713	950	236	603
777	698	462	144	267

Die Zahlen bis 1000 – Zahlenkarten

1 Zeichne die Zahlenkarten. Welche Zahl ergibt sich?

a)  

b) 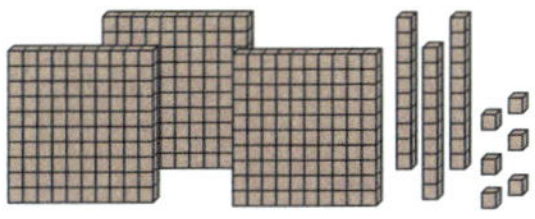

c) 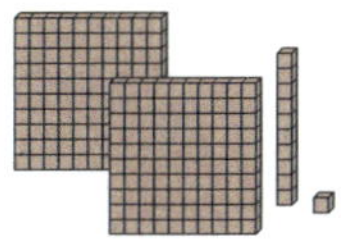

d) 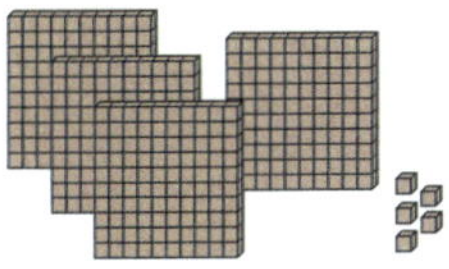

e) 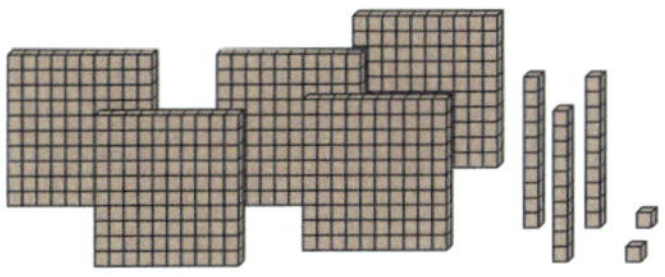

f) 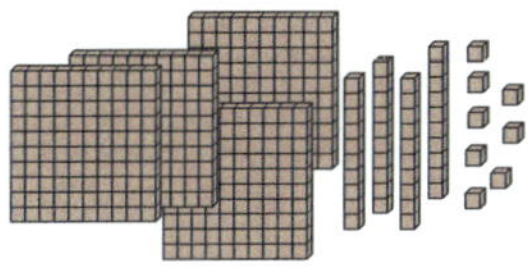

g) 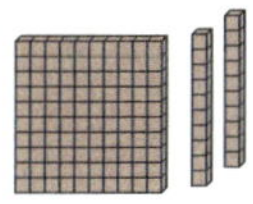

2 Welche Zahlen wurden zusammengesetzt? Schreibe die Plusaufgabe.

2 3 6 → 200 + 30 + 6 = 236

6 3 2 | 3 2 6 | 3 6 2

2 6 3 | 6 2 3 | 9 7 4 | 4 7 9 | 4 9 7 | 7 4 9

9 9 9 | 8 0 5 | 1 8 1 | 8 5 7 | 5 2 0 | 9 4 2

3 Schreibe verschiedene Zahlen, die du mit diesen Karten zusammensetzen kannst.

70 | 400 | 5 | 50 | 700 | 9

4 

a) 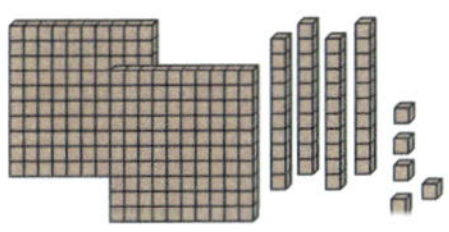
245

b) 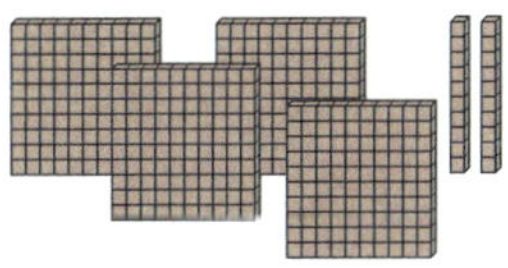
402

c) 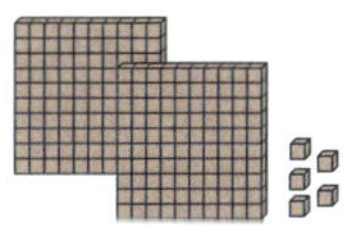
255

d) 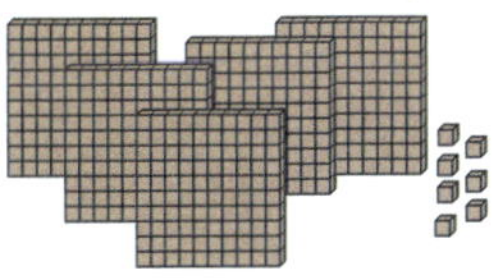
57

e) 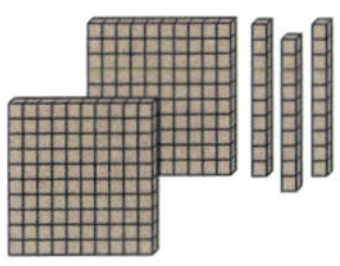
230

f) 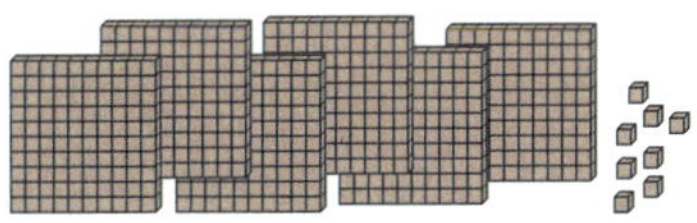
680

g) 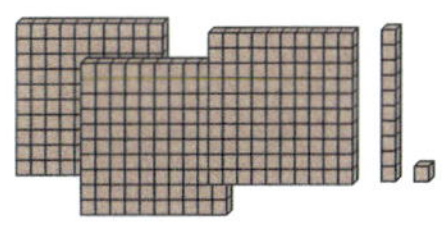
311

Die Zahlen bis 1000 – Hundertertafeln

1

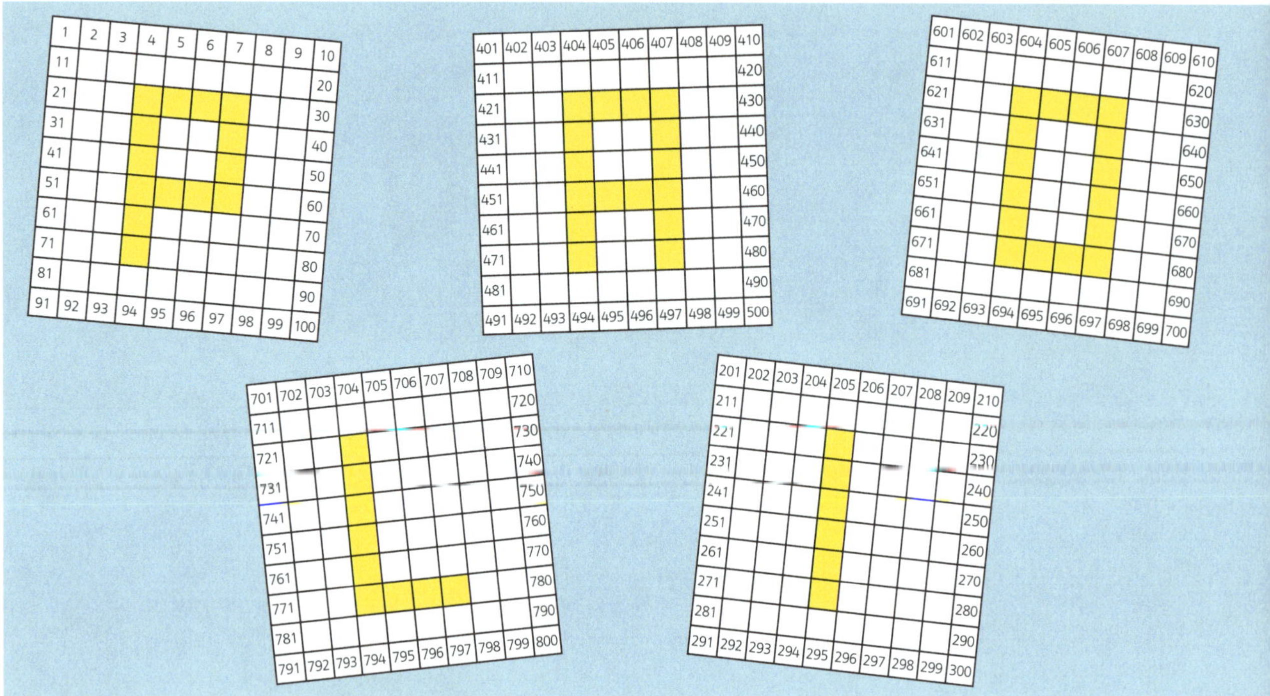

a) Wie viele Zahlen passen auf jede Tafel?
b) Wie gehören die Tafeln nebeneinander? Setze fort: P R …

c) Welche Zahlen gehören in die gelben Kästchen der Buchstaben A, E, I, O?

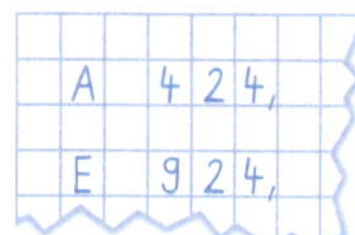

2 Auf welche Tafel gehören diese Zahlen?

512 900 823 600 617 301 400
608 871 399 888 502 899 601
450 375 499 599 401 689 444 312 700

3 a) Schreibe zur Zahl alle weiteren Zahlen, die in der gleichen Zeile der Hundertertafel stehen.

321 441 691 771 274 955

b) Schreibe alle Zahlen aus der gleichen Spalte auf.

109 403 807 505 632 984

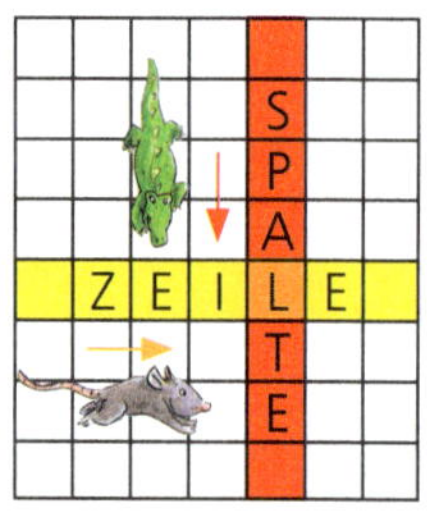

4 Durch welche Zahlenfelder geht die rote Linie?

a)

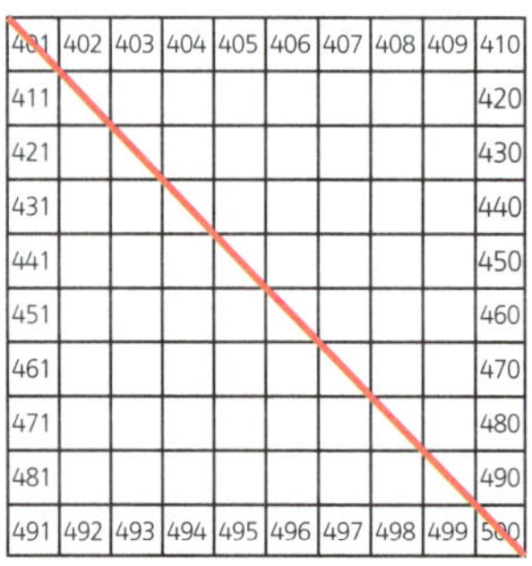

b)

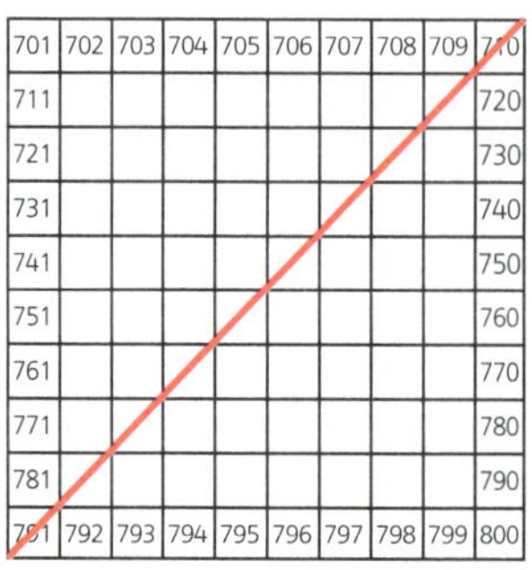

c)

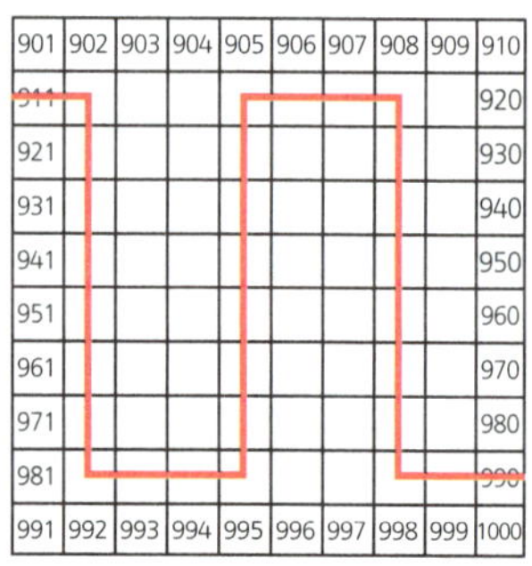

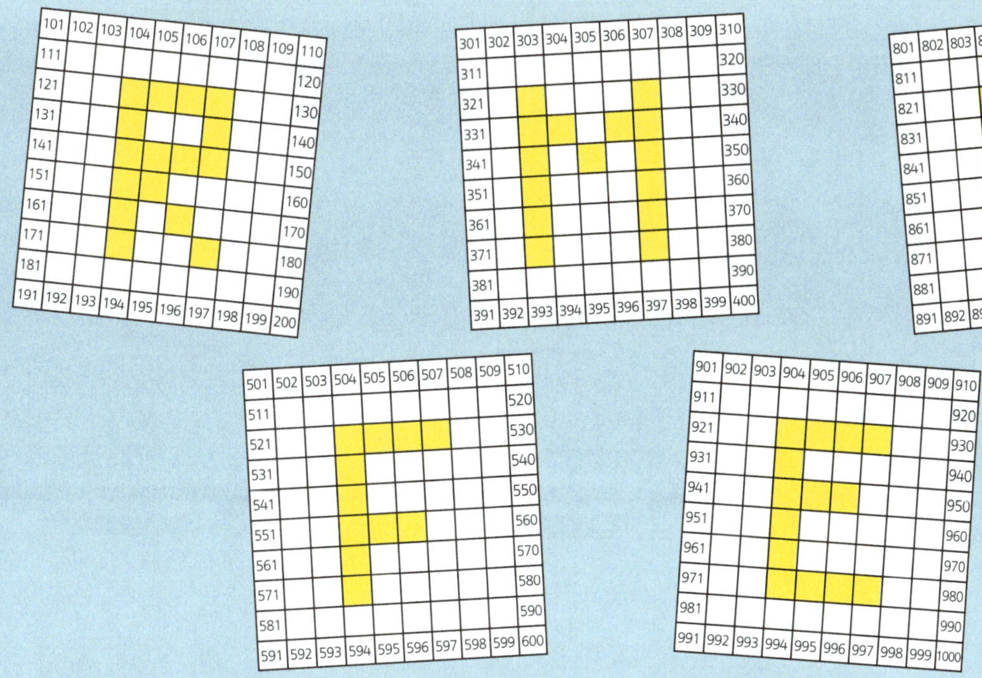

5

Die Karten liegen geordnet aufeinander. Du kannst bei einem beliebigen Zahlenfeld mit einer Nadel einstechen. Was entdeckst du?

6

a) Wie viele Zahlen gibt es, die aus drei gleichen Ziffern bestehen?

b) Wie viele Zahlen bis 1000 gibt es, die mit 1 beginnen und mit 1 enden?

c) Wie viele Zahlen über Hundert kann man aus den Ziffernkärtchen 3 5 7 legen?

d) Wie viele Zahlen gibt es, deren drei Ziffern zusammen 3 ergeben?

W

7

a)
1 · 6
10 · 6
5 · 6
6 · 6
2 · 6
4 · 6
8 · 6

b)
1 · 7
10 · 7
5 · 7
6 · 7
2 · 7
4 · 7
8 · 7

c)
1 · 9
10 · 9
5 · 9
6 · 9
2 · 9
4 · 9
8 · 9

d)
10 · 6
9 · 6

10 · 7
9 · 7

10 · 9
9 · 9

e)
5 · 6
2 · 6
7 · 6

5 · 7
2 · 7
7 · 7

Zahlenstrahl – Ordnen und Vergleichen

1

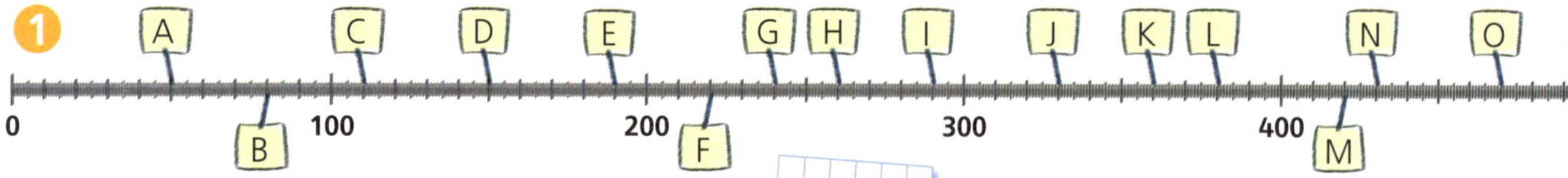

Jeder Buchstabe steht für eine Zahl.
Lest die Zahl laut und schreibt sie auf.

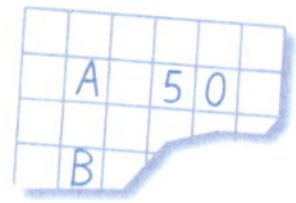

2 Schreibe die Zahl und ihre Nachbarzahlen auf.

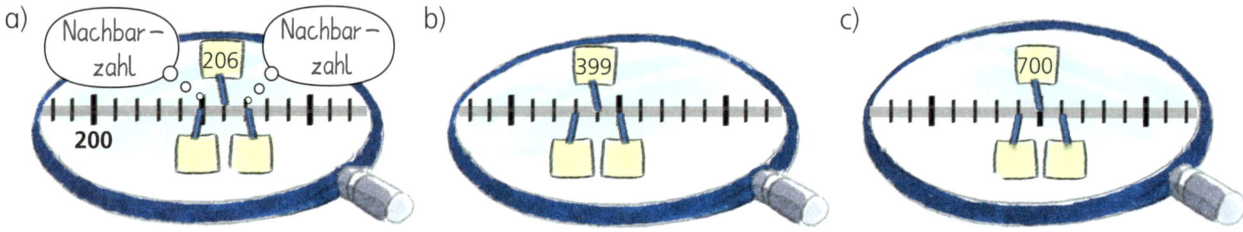

3 Schreibe die Nachbarzahlen auf.

a)

	395	
	495	
	583	
	673	
	553	

b)

	299	
	399	
	599	
	701	
	301	

c)

	600	
	700	
	900	
	500	
	200	

d)

	699	
	501	
	800	
	490	
	248	

4 Notiere die Nachbarzehner.

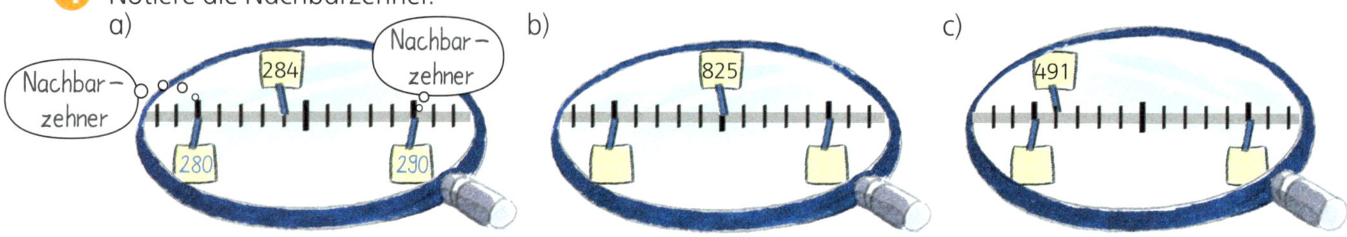

5 Wie heißen die Nachbarzehner?

a)

	726	
	722	
	704	
	604	
	99	

b)

	341	
	348	
	409	
	459	
	499	

c)

	825	
	947	
	995	
	818	
	81	

d)

	598	
	777	
	305	
	466	
	222	

6 Notiere die Nachbarhunderter.

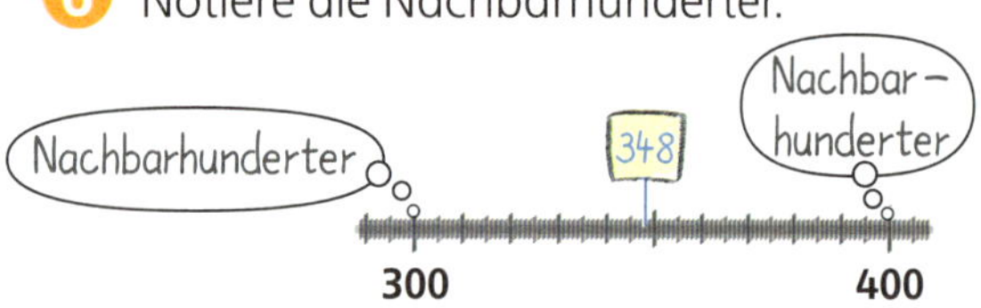

a) 247 569 809 432 599

b) 150 401 691 705 475

c) 680 101 324 251 999

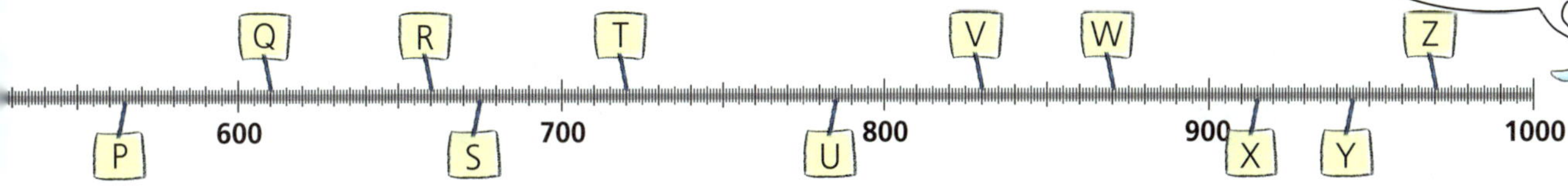

7 Welche Zahl könnte es sein?

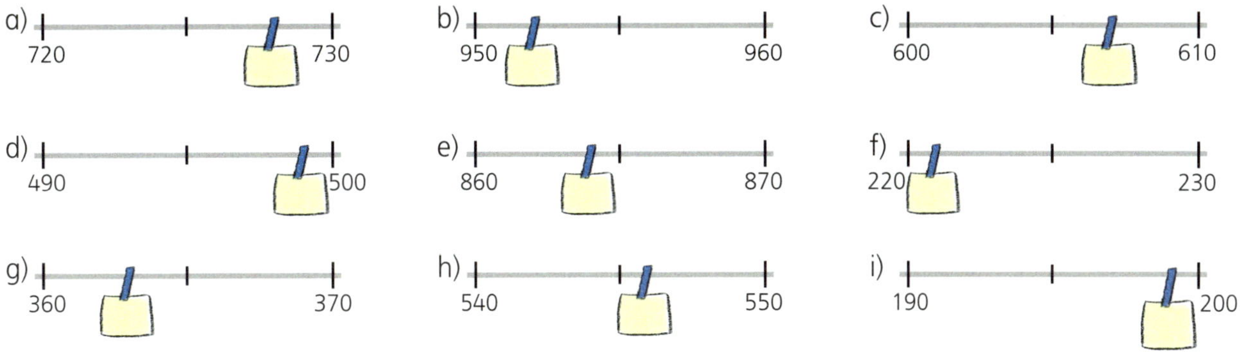

8 Welche Zahl steht in der Mitte?

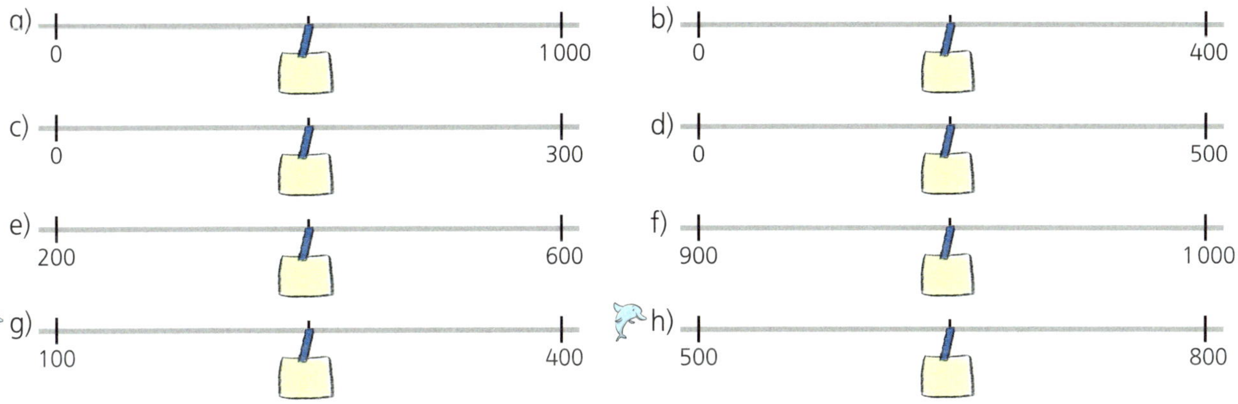

9 Zeichne diesen Zahlenstrahl in dein Heft.

Trage ein: 720, 830, 770, 910, 970, 930.

10 Ordne die Zahlen nach der Größe.

a) 320, 250, 400, 690, 510, 720

b) 870, 890, 800, 830, 860, 850

c) 212, 476, 300, 299, 477, 311

d) 899, 901, 910, 870, 799, 979

11 Theresas Buch hat 1000 Seiten. Bei welcher Seite liegt das Lesezeichen ungefähr? Begründe.

a) b) c) d)

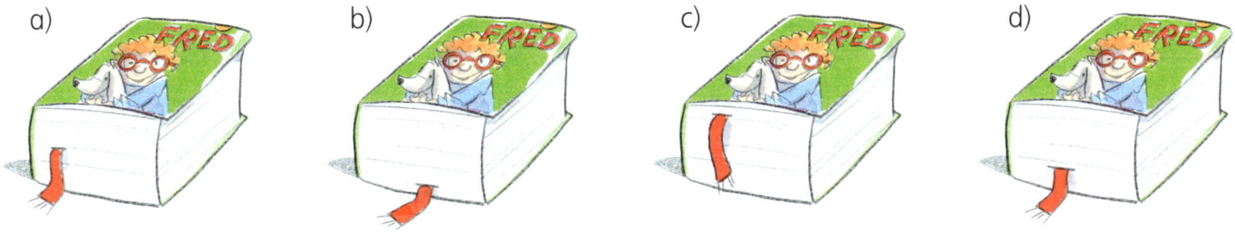

Zahlen runden

1

700 Bäume gepflanzt

BUSCHHOVEN (hp) Nicht mehr wiederzuerkennen ist er, der langweilig schnurgerade Lauterbach bei Buschhoven. Nachdem ihm die Bagger seinen alten, geschwungenen Lauf wiedergegeben hatten, rückten gestern die Naturfreunde von Buschhoven an. Sie pflanzten 300 Erlen und 400 Weiden. So kann sich jetzt am Lauterbach wieder ein Stück Natur entwickeln.

Erzähle. Was fällt dir am Zeitungsbericht auf?

Runden auf Hunderter – suche die näher gelegene Hunderterzahl.

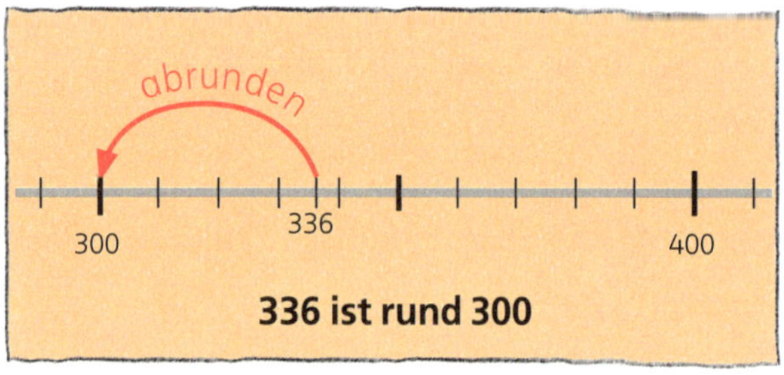

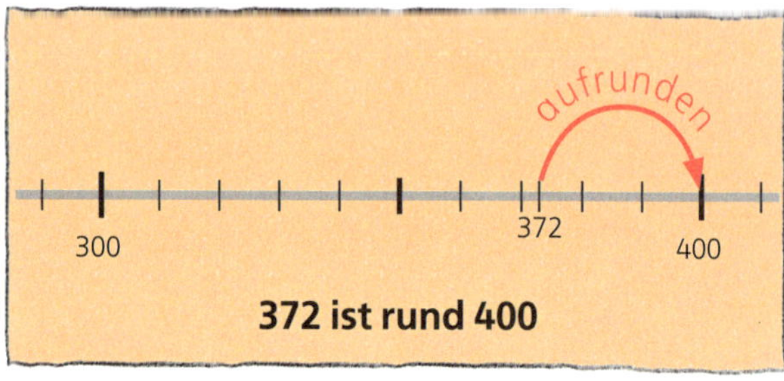

2 a)

300	330	400
400	480	500
500	560	600
600	640	700

b)

200	295	300
500	528	600
100	107	200
400	483	500

c)

600	639	700
700	777	800
900	949	1000
500	540	600

3

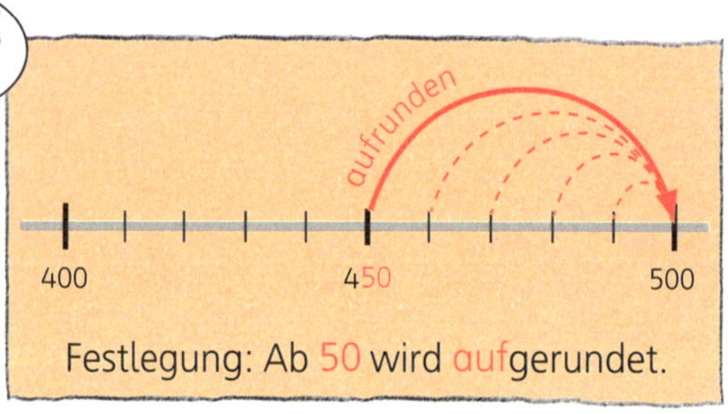

4 Runde auf Hunderter.

a)	b)	c)
550	749	348
549	750	351
551	752	350
547	748	352
553	751	347
548	745	355

5 Wie viele Bäume sind es ungefähr? Runde auf Hunderter.

6 Die Zeitung hat die Zahlen auf Hunderter gerundet.

Wie viele Bäume sind es mindestens?

a) Im Kottenforst sind 200 Ulmen krank.

b) Im Stadtwald sollen etwa 400 Bäume gefällt werden.

c) Etwa 300 Straßenbäume müssen vom „Baumdoktor“ untersucht werden.

Zahlen runden

1

a) Auf welche Zahlen hat die Redaktion gerundet?
b) Weshalb genügen gerundete Zahlen?

Runden auf Zehner – suche die näher gelegene Zehnerzahl.

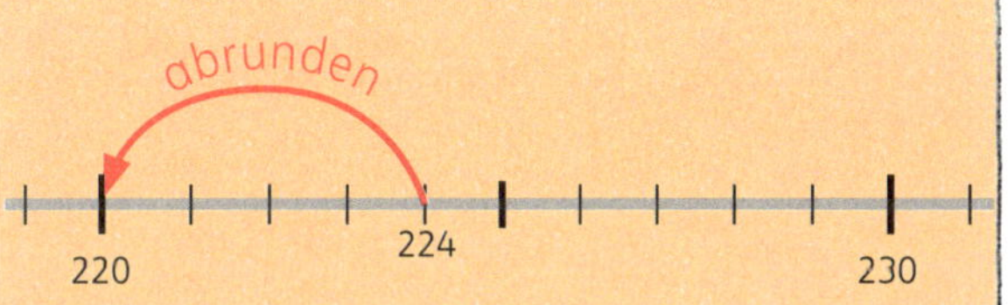

224 ist rund 220

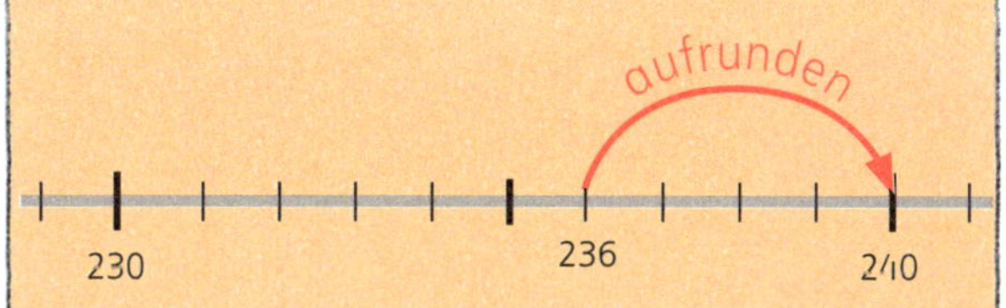

236 ist rund 240

2 Das Neustädter Tageblatt möchte wissen, wie viele Kinder ungefähr in den Schulen sind.
Runde auf Zehnerzahlen.

- Nordschule 227 Kinder
- Kästnerschule 211 Kinder
- Südschule 313 Kinder
- Domschule 179 Kinder
- Pestalozzischule 456 Kinder
- Grundschule Mitte 233 Kinder

Die Nordschule hat rund ___ Kinder.

3 Die Marktschule hat 175 Kinder.
Auf welche Zehnerzahl würdest du runden?

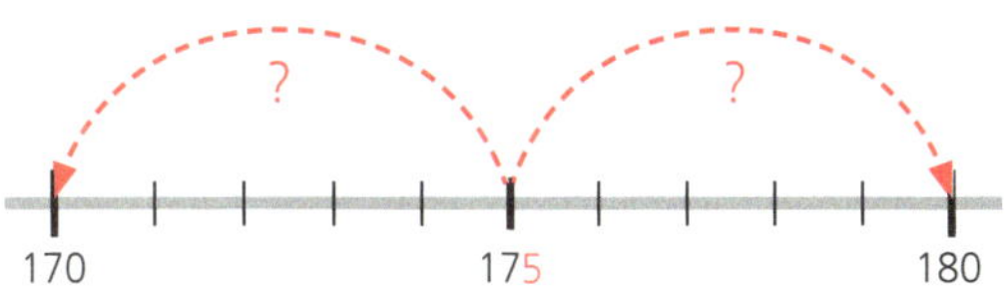

Festlegung:
Ab 5 wird aufgerundet.

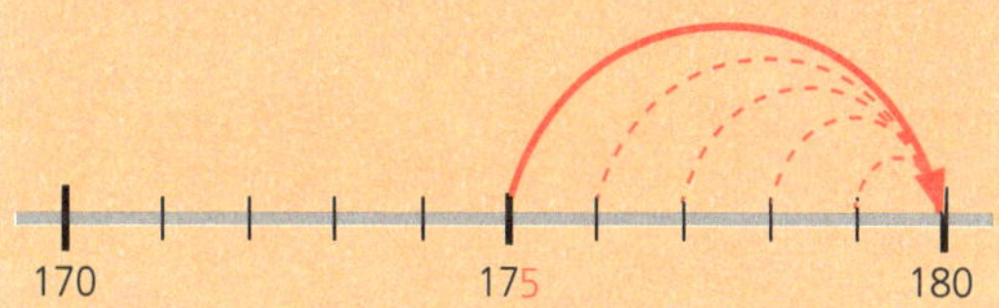

4 Runde auf Zehner.

a)	b)	c)	d)	e)	f)
432	746	695	123	324	888
321	898	967	604	342	666
643	765	234	501	426	555
215	577	849	276	489	444

a) 432 ist rund 430
321 ist rund

5

a) Rundet auf Hunderter.

357 → 400

b) Rundet auf Zehner.

357 → 360

GEOMETRISCHE KÖRPER

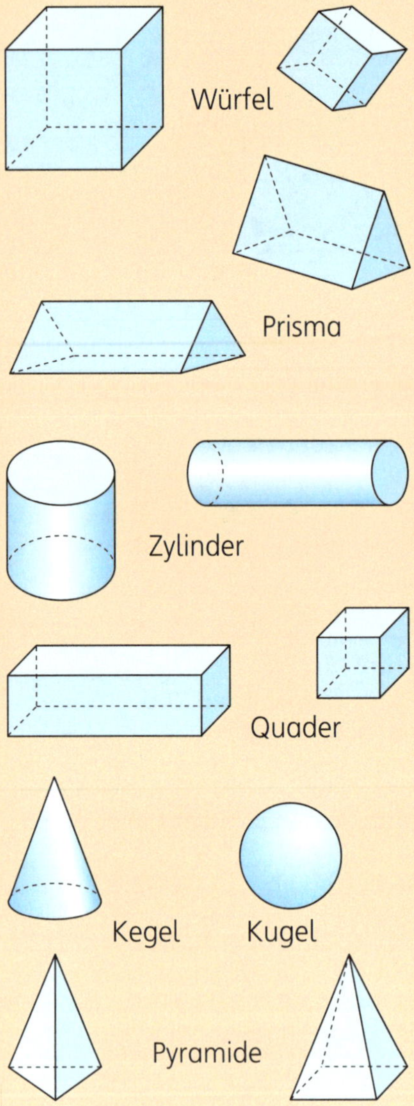

1 Welche Körperformen entdeckst du?
a) Lege eine Liste an.
b) Suche weitere Beispiele.

Gegenstände	Körperform
Zettelbox	Würfel

2

Welche Körperformen siehst du?

Schaue einmal aus einem Dachfenster oder von einem Balkon.

Der Lerninhalt „Prisma" ist ein zusätzliches Angebot.

Geometrische Körper beschreiben

1 Was fühlen die Kinder? Welche Körper sind es?

2 Übertrage auf kleine Karteikarten. Trage den richtigen Namen des Körpers ein.

A

Kegel	
Spitzen	1
Kanten	1
Flächen	2

B

Ecken	6
Kanten	9
Flächen	5

C

Ecken	8
Kanten	12
Flächen	6

D

Ecken	0
Kanten	0
Flächen	1

E

Ecken	0
Kanten	2
Flächen	3

F

Ecken	4
Spitzen	1
Kanten	8
Flächen	5

G

Ecken	8
Kanten	12
Flächen	6

3 Welcher Körper kann gemeint sein?

A Diesen Körper kann man nur kippen, nicht rollen.

B Dieser Körper sieht von allen Seiten gleich aus.

C Dieser Körper kann rollen und kippen.

D Dieser Körper kann rollen, aber er rollt nicht geradeaus.

E Dieser Körper steht auf einer Kreisfläche. Wenn man ihn kippt, rollt er leicht weg.

F Mit diesem Körper kann man Mauern bauen.

G Dieser Körper steht auf einer quadratischen Grundfläche und hat eine Spitze.

H Dieser Körper kann rollen.

Der Lerninhalt „Prisma" ist ein zusätzliches Angebot. **3** Manchmal gibt es mehrere Lösungen.

Geometrische Körper – Kanten und Ecken

1 Cathrin und Luka bauen Körper aus Trinkhalmen und Knetmasse.
Beschreibe die Körper.

2 a) Die Spinne Thekla sitzt am Montag auf der Ecke A und entdeckt in der Ecke G ihre Beute. Sie krabbelt immer an den Kanten entlang. Welchen Weg kann sie nehmen?

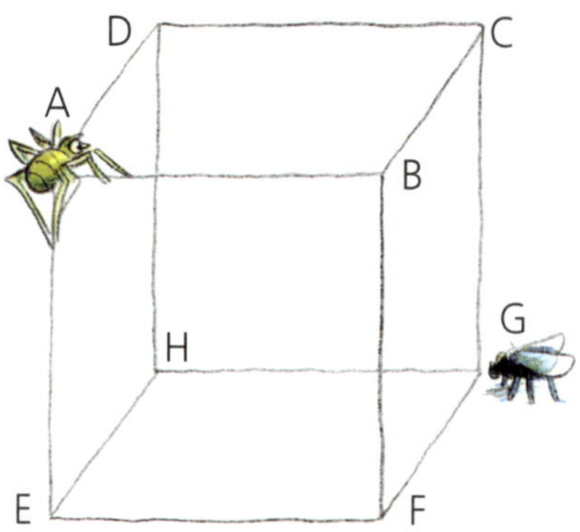

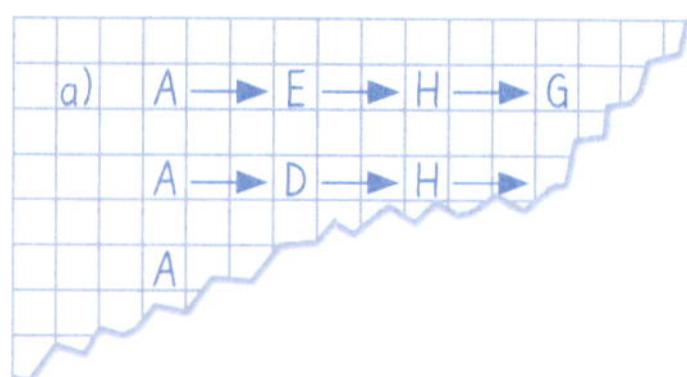

b) Die Beute sitzt am Dienstag in Ecke D, die Spinne auf der Ecke F. Notiere mögliche Wege.

3 a)

b)

c)

4 Herr Schindler will mit seiner Klasse aus festem Draht und aus Korkstücken Würfel bauen.
Jedes Kind soll einen Würfel mit 10 cm Kantenlänge anfertigen.

a) Wie viel Draht muss jeder Schüler von der Spule abschneiden?

Tipp 6:
Mache dir eine Zeichnung.

b) Wie viele Korkstücke benötigt jeder Schüler?

c) Zwei Schüler sind krank. Was muss Herr Schindler für sie aufheben?

3 Vorher festlegen, ob die Spinne am Ausgangspunkt nach „innen" schaut oder nach „außen".

Drachen bauen

Weitere Tipps zum Lösen von Sachaufgaben findest du aus S. 126.

1

a) Wie viele Bogen Drachenpapier wurden gekauft?
b) Wie viele Drachenstäbe wurden gekauft?
c) Wie viele Meter Bindfaden wurden gekauft?
d) Für wie viele Drachen reicht das Material?
e) Wie viele Materialien werden gebraucht? Erstelle eine Tabelle.

Tipp 1: Informationen sammeln.

Drachen	Stäbe	Drachenpapier	Bindfaden
1	2	1 Bogen	3 m
2	4	2 Bogen	6 m
3			

Tipp 2: Mit Tabelle arbeiten.

2 In der Erich-Kästner-Schule bauen die Kinder der 3. Klassen immer zu zweit einen Drachen.
a) Wie viel Material muss für jede Klasse bestellt werden? Zeichne dazu die Tabelle ab und trage die fehlenden Angaben ein.
b) Wie viel Material muss für alle Klassen bestellt werden? Entnimm die Zahlen für die Bestellung aus der Tabelle.

	3 a	3 b	3 c
Kinder	20	24	18
Drachen	10		
Stäbe	20		
Papier	10 Bogen		
Bindfaden	30 m		

3 Wie viele Packungen müssen für jede Klasse der Astrid-Lindgren-Schule bestellt werden?

ANGEBOT
Drachenpapier im 5er-Pack
Drachenstäbe im 6er-Bündel
10 m Bindfaden

a) **Klasse 3a**
18 Bogen Drachenpapier
36 Drachenstäbe
54 m Bindfaden

b) **Klasse 3b**
9 Bogen Drachenpapier
18 Drachenstäbe
27 m Bindfaden

c) **Klasse 3c**
12 Bogen Drachenpapier
24 Drachenstäbe
36 m Bindfaden

d) **Bastel AG**
15 Bogen Drachenpapier
30 Drachenstäbe
45 m Bindfaden

Wie viele Drachen will jede Klasse wohl bauen?

4

Preise
5er-Pack Drachenpapier 7 €
6er-Bündel Stäbe 4 €
10 m Bindfaden 3 €

Die Jugendgruppe „Biber" kauft das Material für vier Drachen. Wie viel muss der Gruppenleiter bezahlen?

Ich rechne:
Für 4 Drachen brauche ich 8 Stäbe.
Dafür braucht man 2 Bündel. Also: 8 €.
Dann noch 4 Bogen Papier.
Dafür braucht man …

Tipp 3: Schrittweise vorgehen.

Saurierpark

1 Erzähle.
Finde passende Fragen. Rechne und antworte.

a)

b)

c)

d)

e)

1 Besprechen, dass die Antworten der Kinder angemessen auf die Problemstellungen eingehen. c) Auch Dividieren mit Rest. Den Rest sachgerecht interpretieren. d) und e) Verschiedene Fragestellungen und Lösungen sind möglich.

1 a)

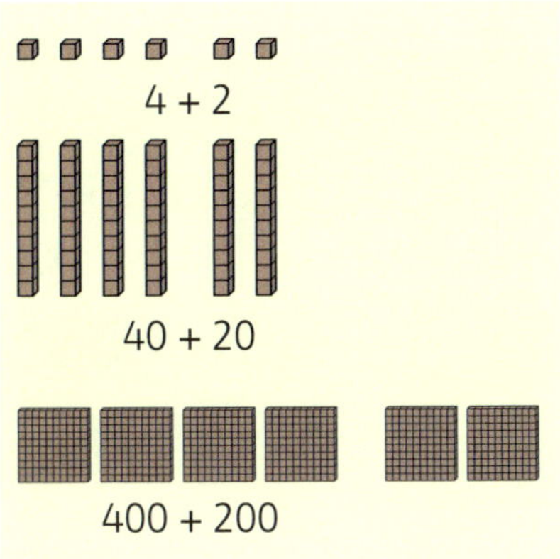

b)

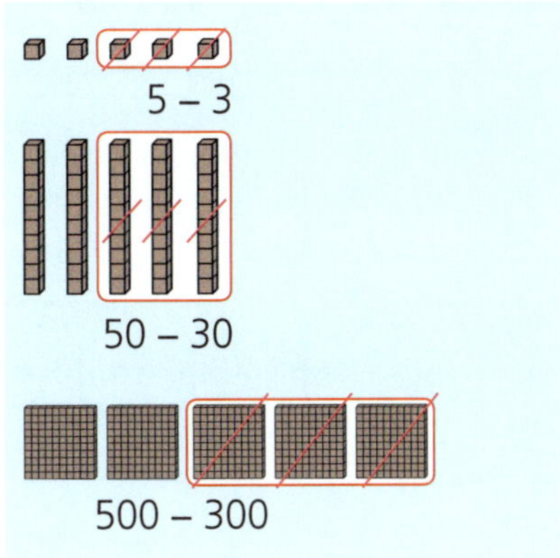

c)
6 + 3
60 + 30
600 + 300

d)
9 – 4
90 – 40
900 – 400

2 Rechne immer mit Einern, Zehnern und Hunderten.

a) 3 + 5 b) 7 + 2 c) 8 – 6 d) 6 – 5
e) 20 + 60 f) 50 + 10 g) 70 – 40 h) 30 – 20
i) 400 + 300 j) 100 + 800 k) 900 – 500 l) 800 – 300

a) 3 + 5 = 8
30 + 50 = 80
300 + 500 =

3

a)	b)	c)	d)	e)
300 + 200	200 + 700	600 – 400	800 – 200	900 – 400
400 + 300	300 + 600	300 – 200	700 – 300	800 – 300
100 + 500	100 + 800	900 – 500	600 – 400	700 – 200
200 + 400	500 + 400	700 – 400	900 – 700	600 – 300

4

a)

900	
500	
200	
800	
400	

b)

700	
100	
300	
200	
500	

c)

900	
300	
600	
900	
700	

d)

1000	
400	
900	
600	
200	

5 Zerlege.

a)

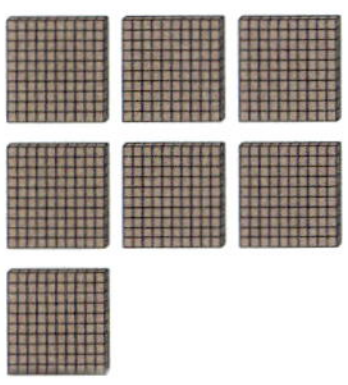

700 = 600 + 100
700 = 400 + 300
700 = 200 +

b)

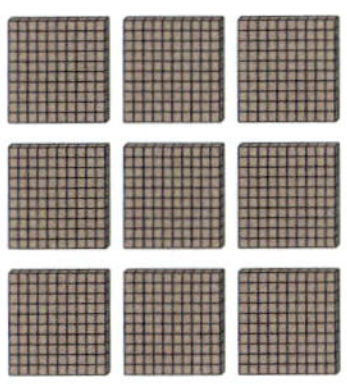

c)

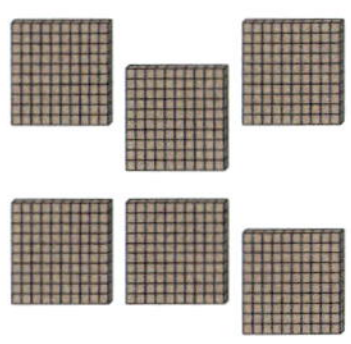

d)

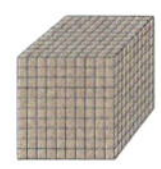

6

a)	b)	c)	d)
5 + 4	60 + 20	7 – 3	900 – 500
50 + 4	600 + 20	70 – 3	90 – 5
50 + 40	60 + 2	70 – 30	90 – 50
500 + 40	600 + 2	700 – 300	9 – 5

Plus und minus bis 1000

1 35 + 7 | 60 + 30

235 + 7 | 260 + 30

735 + 7 | 760 + 30

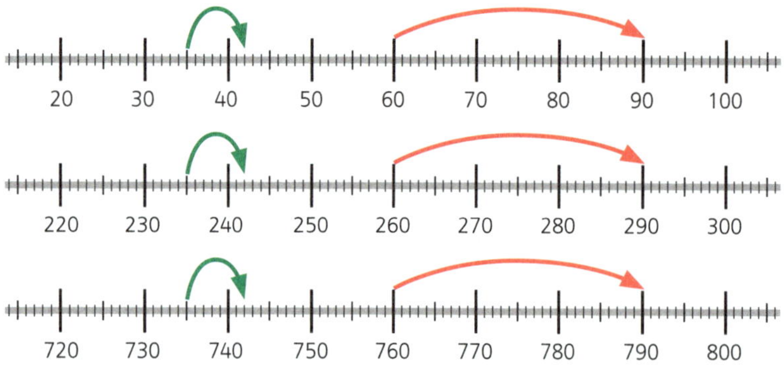

starke Päckchen

a)	b)	c)	d)	e)
75 + 6	68 + 5	30 + 40	72 + 12	42 + 36
275 + 6	268 + 5	230 + 40	272 + 12	242 + 36
775 + 6	768 + 5	730 + 40	772 + 12	742 + 36
975 + 6	968 + 5	930 + 40	972 + 12	942 + 36

2 Rechne jeweils auch zwei Aufgaben in anderen Hunderten.

starke Päckchen

a) 56 + 8
b) 20 + 60
c) 42 + 27

a) 56 + 8 =
456 + 8 =
956 + 8 =

d) 63 + 9
e) 40 + 50
f) 36 + 42

g) 14 + 5
h) 30 + 10
i) 43 + 52

j) 49 + 6
k) 50 + 50
l) 74 + 25

Verwandte Aufgaben.

3 84 – 7 | 140 – 30

384 – 7 | 440 – 30

884 – 7 | 940 – 30

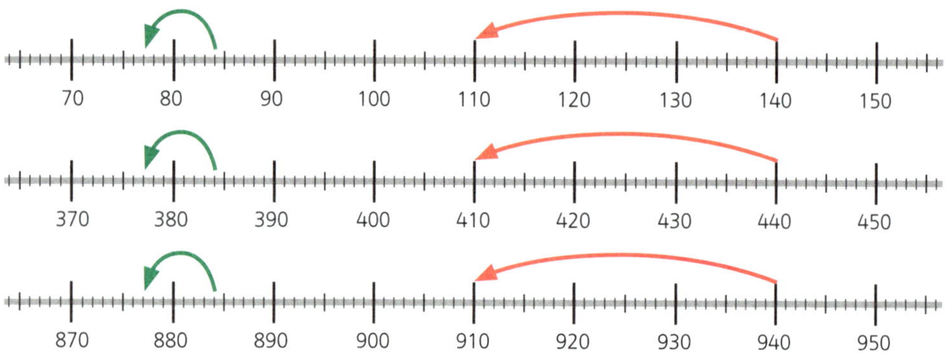

starke Päckchen

a)	b)	c)	d)	e)
75 – 8	42 – 6	80 – 60	76 – 24	58 – 46
675 – 8	542 – 6	380 – 60	276 – 24	458 – 46
975 – 8	842 – 6	980 – 60	576 – 24	858 – 46

4 Rechne nur die verwandten Aufgaben.

75 – 38

375 – 38 | 138 – 75 | 975 – 83 | 375 – 75 | 575 – 38 | 638 – 57 | 875 – 38 | 175 – 38 | 775 – 38

5 zum Knobeln

a)

b)

c)

1 Schreibt einen Rechenweg auf. Besprecht eure Lösungsvorschläge.

Die Schülerbücherei der Michael-Ende-Schule hat 420 Bücher. Im Dezember wurden 130 neue Bücher angeschafft.

420 + ☐ = ☐

In der Bücherei sind jetzt ☐ Bücher.

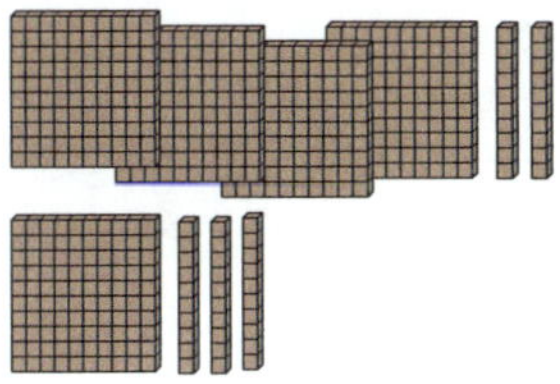

420 + 130
400 + 100 =
20 + 30 =

2 Lege mit Platten und Stangen.

a)	b)	c)	d)	e)
320 + 450	830 + 160	720 + 260	500 + 350	110 + 370
610 + 270	250 + 630	550 + 320	460 + 220	250 + 540
540 + 140	680 + 210	240 + 430	370 + 130	440 + 260
850 + 120	460 + 320	380 + 110	640 + 300	730 + 270

480 490 500 670 680 680 700 770 780 790 850 870 880 880 890 940 970 980 990 1000

3 Start 110

110 + 120 = 230
230 + 120 = 350
350 + 120 =

Wie weit kannst du rechnen?

a) Immer + 120 b) Immer + 210 c) Immer + 150

4

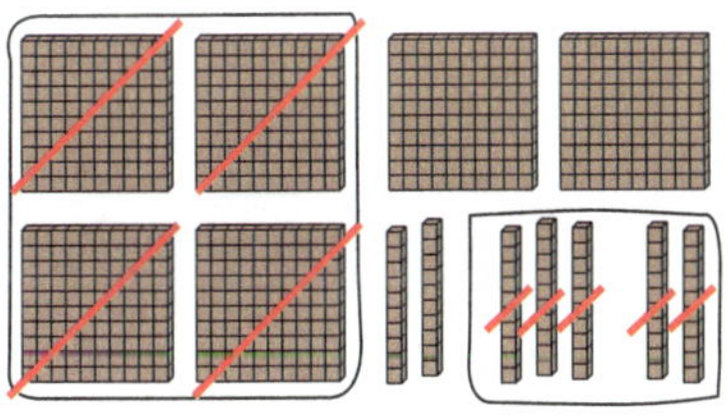

670 − 450
670 − 400 = 270
270 − 50

600 − 400 = 200
70 − 50 =

Wie rechnest du?

a)	b)	c)
720 − 510	460 − 230	590 − 370
340 − 220	930 − 530	260 − 140
570 − 430	680 − 630	810 − 600
980 − 640	370 − 130	750 − 410

50 120 120 140 210 210 220 230 240 340 340 400

5 Starke Päckchen 2

a)	b)	c)	d)	e)
760 − 350	980 − 560	850 − 210	590 − 140	670 − 430
760 − 340	980 − 540	850 − 240	590 − 180	670 − 470
760 − 330	980 − 520	850 − 250	590 − 160	670 − 450
760 − 320	980 − 500	850 − 230	590 − 150	670 − 460

6

a) 390 / ☐ 150 / ☐ 20 ☐
b) 880 / ☐ 340 / ☐ 40 ☐
c) 790 / ☐ 230 / ☐ 220 ☐
d) 770 / 240 ☐ / 120 ☐ ☐
e) 1000 / 750 ☐ / 640 ☐ ☐

f) 570 / ☐ ☐ / ☐ ☐ ☐
g) 990 / ☐ ☐ / ☐ ☐ ☐
h) 850 / ☐ ☐ / ☐ ☐ ☐
i) 760 / ☐ ☐ / ☐ ☐ ☐
j) 680 / ☐ ☐ / ☐ ☐ ☐

6 f) bis j) Mehrere Lösungen möglich. Evtl. Kopiervorlage verwenden.

Zum Hunderter hin – vom Hunderter weg

1

a) Für Montag sind schon 378 Karten verkauft.
Wie viele Karten können noch verkauft werden?

378 + ☐ = 400

Es können noch ☐ Karten verkauft werden.

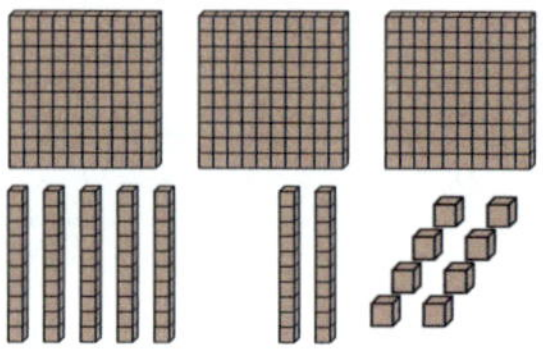

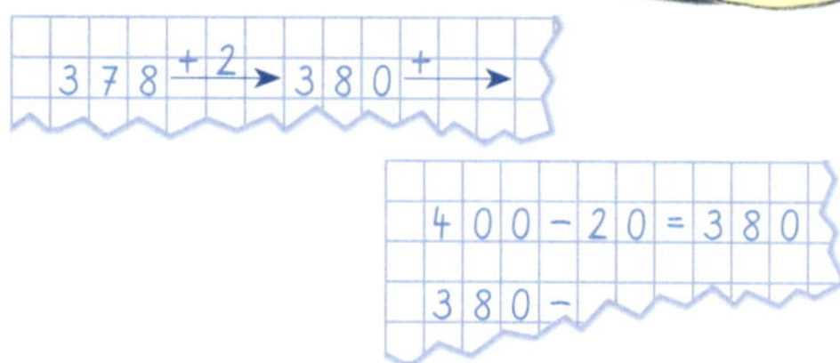

b) Die Grundschule Schönau kommt am Dienstag mit 315 Kindern ins Theater.

c) Am Sonntag besuchen 310 Kinder und 79 Erwachsene die Vorstellung.

Besprecht die Lösungsvorschläge. Schreibt einen eigenen Rechenweg auf.

2

a)

400	
360	
320	
340	
380	

b)

400	
393	
373	
353	
323	

c)

600	
518	
523	
528	
533	

d)

900	
895	
886	
877	
868	

3 Wähle von jeder Farbe ein Kärtchen. Ergänze immer zur Hunderterzahl. Welche Kärtchen gehören zusammen?

Blau: 390 K, 585 R, 420 H, 687 R, 198 E, 217 W

Gelb: 83 A, 80 E, 13 O, 2 I, 10 U, 15 E

Grün: 400 H, 600 H, 200 S, 700 T, 500 U, 300 L

4

Von den 400 Plätzen des Theaters sind am Mittwoch 24 nicht besetzt.
Wie viele Karten wurden verkauft?

400 – 24 = ☐

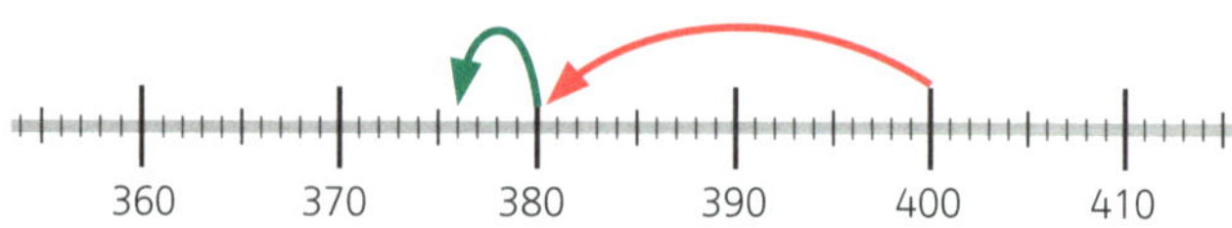

5

a)	b)	c)	d)	e)
300 – 50	400 – 80	200 – 8	600 – 5	500 – 1
300 – 70	400 – 20	200 – 2	600 – 9	500 – 4
300 – 30	400 – 40	200 – 7	600 – 6	500 – 3

f)	g)	h)	i)	j)
900 – 7	500 – 6	800 – 23	700 – 53	400 – 78
900 – 37	500 – 46	800 – 45	700 – 25	400 – 47
900 – 87	500 – 76	800 – 64	700 – 87	400 – 96

1

So überlegt Timo:

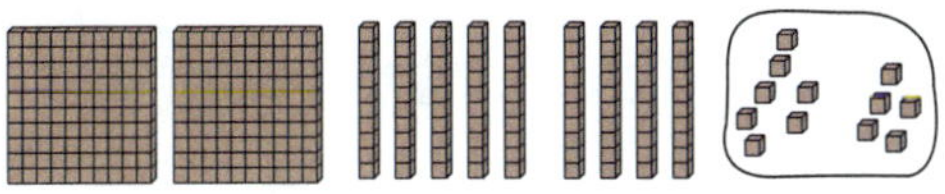

So überlegt Samantha:

Wie rechnest du?

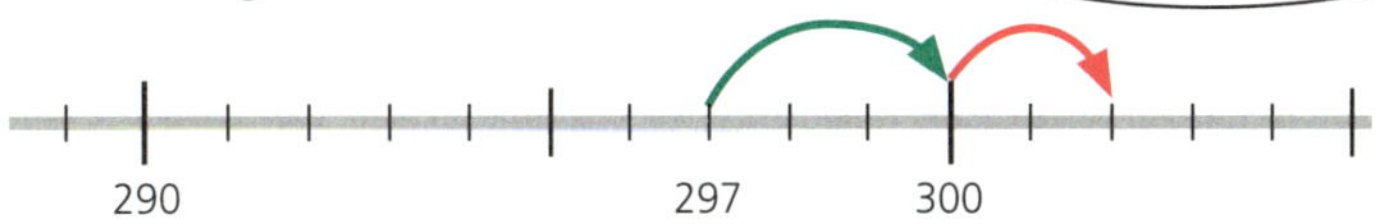

2 Starke Päckchen

a)	b)	c)	d)	e)
598 + 4	296 + 6	894 + 9	397 + 4	794 + 9
598 + 7	296 + 9	894 + 7	397 + 6	794 + 7
598 + 5	296 + 5	894 + 6	397 + 5	794 + 6
598 + 8	296 + 8	894 + 8	397 + 3	794 + 8

3 Wähle einen Lösungsweg. Starke Päckchen

a)	b)	c)	d)	e)
299 + 6	398 + 7	294 + 8	696 + 5	893 + 8
599 + 6	397 + 5	597 + 5	496 + 7	793 + 9
799 + 6	398 + 3	798 + 8	193 + 8	696 + 7
899 + 6	395 + 8	895 + 7	898 + 6	595 + 6

201 302 305 401 402 403 405 503 601 602 605 701 703 802 805 806 901 902 904 905

4 Starke Päckchen

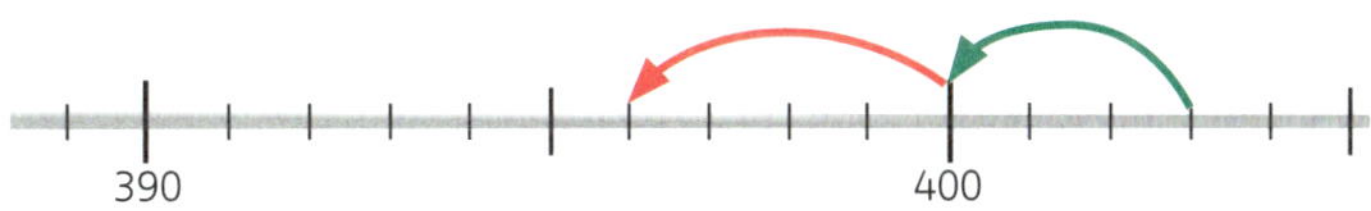

a)	b)	c)
403 – 7	405 – 6	401 – 3
403 – 4	405 – 9	401 – 5
403 – 9	405 – 7	401 – 8
403 – 3	405 – 5	401 – 6

Wie rechnest du?

5

a)	b)	c)	d)	e)
306 – 8	402 – 7	203 – 6	702 – 5	901 – 6
606 – 8	403 – 5	601 – 7	504 – 7	803 – 7
806 – 8	407 – 8	802 – 8	207 – 8	705 – 9
906 – 8	406 – 9	905 – 9	102 – 4	604 – 8

98 197 199 298 395 397 398 399 497 594 596 598 696 697 794 796 798 895 896 898

W

6 Ordne die Ergebnisse nach der Größe.

a)

9 · 7	T
10 · 6	N
9 · 5	W
9 · 9	R
8 · 8	E
6 · 8	I

b)

6 · 7	R
7 · 8	T
7 · 7	S
9 · 3	H
8 · 4	E
5 · 9	B

Plus und minus bis 1000 – Hunderterüberschreitung

1 Wie viel Geld ist es? Probiert und beschreibt verschiedene Rechenwege.

a) 

450 € + 85 €

b) 

460 € + ☐ €

c) 

d) 

e) 

f) 

2 Erkläre und vergleiche die Rechenwege.

a) 484 + 60

484 + 60	484 + 60	484 + 60
480 + 20 = 500	80 + 60 = 140	484 + 20 = 504
500 + 40 =	400 + 140 =	504 +

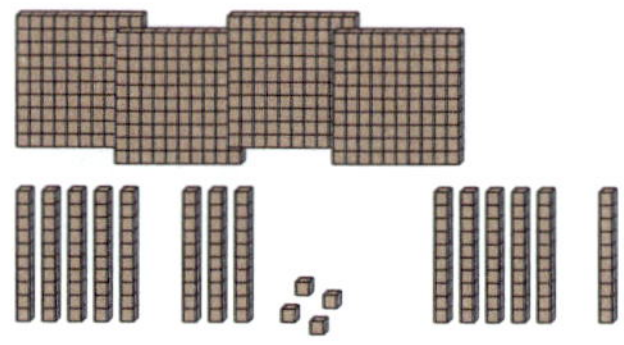

b) 327 – 50

327 – 50	327 – 50	327 – 50
320 – 20 = 300	300 – 50 = 250	327 – 20 = 307
300 – 30 =	250 + 27 =	307 – 30 =

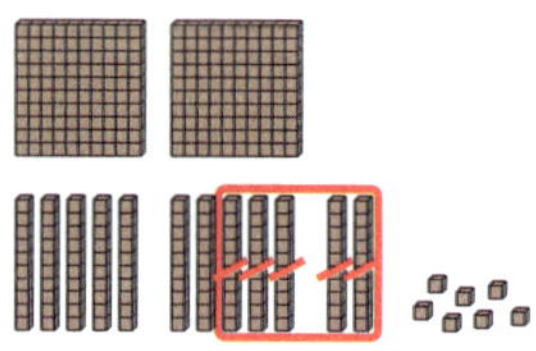

3

a)	b)	c)	d)
380 + 46	471 + 50	850 – 70	521 – 30
380 + 73	475 + 70	850 – 50	521 – 40
380 + 68	473 + 60	850 – 80	521 – 60
380 + 95	472 + 40	850 – 90	521 – 50
380 + 87	474 + 30	850 – 60	521 – 90

4

Tipp 3:
Schrittweise vorgehen.

1 Schreibt einen Rechenweg auf. Besprecht eure Lösungsvorschläge.

Am Sportfest einer Straubinger Grundschule nehmen 246 Mädchen und 180 Jungen teil.
246 + 180 =
Insgesamt nehmen Kinder teil.

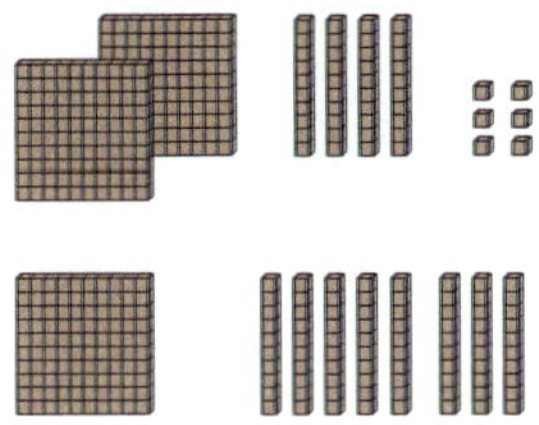

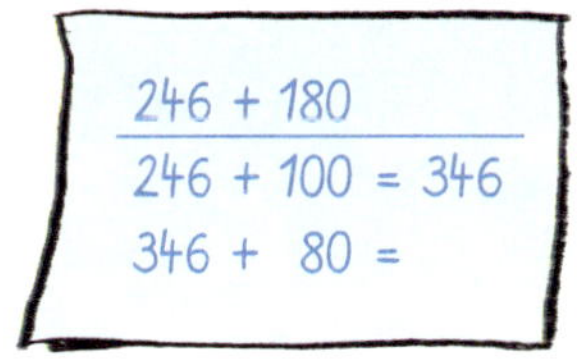

2
a) 350 + 180 | 350 + 160 | 350 + 190 | 350 + 170
b) 460 + 340 | 460 + 370 | 460 + 380 | 460 + 360
c) 380 + 260 | 560 + 280 | 450 + 270 | 290 + 250
d) 572 + 150 | 341 + 480 | 256 + 570 | 448 + 360
e) 240 + 487 | 490 + 432 | 650 + 256 | 760 + 179

3

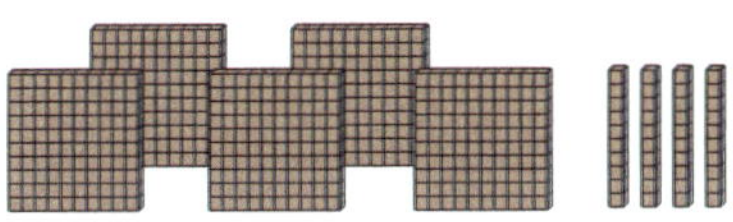

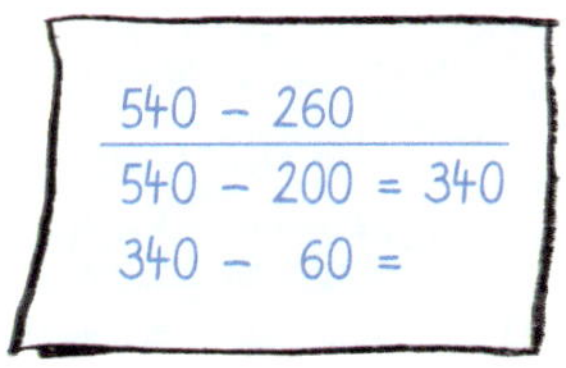

4
a) 560 – 280 | 560 – 170 | 560 – 290 | 560 – 460
b) 420 – 190 | 420 – 370 | 420 – 250 | 420 – 140
c) 650 – 370 | 870 – 690 | 760 – 280 | 540 – 460
d) 442 – 150 | 736 – 450 | 918 – 650 | 851 – 550
e) 233 – 160 | 647 – 360 | 524 – 260 | 712 – 460

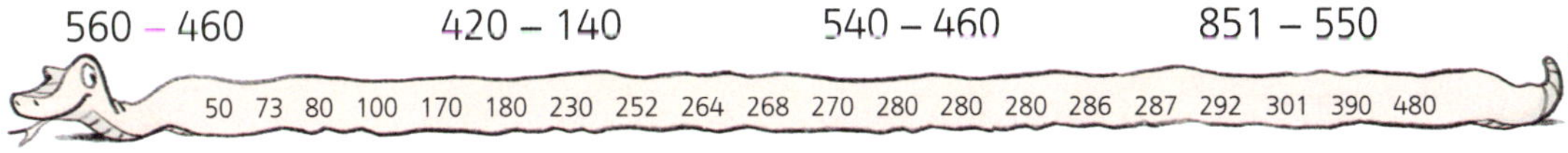

5
a)
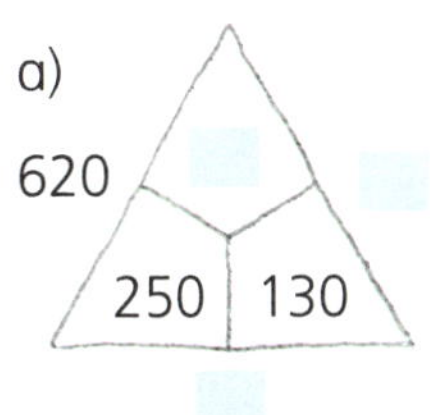

b)
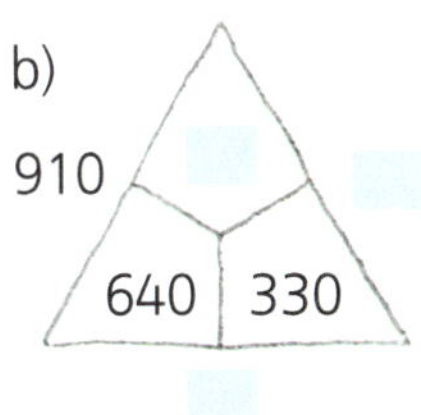

c)
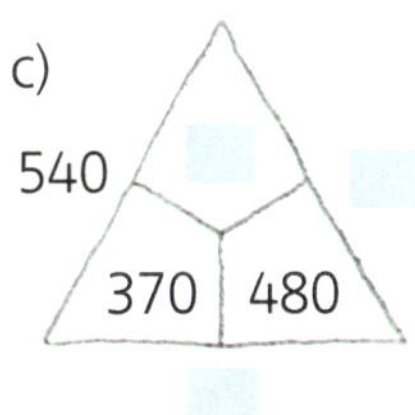

d)
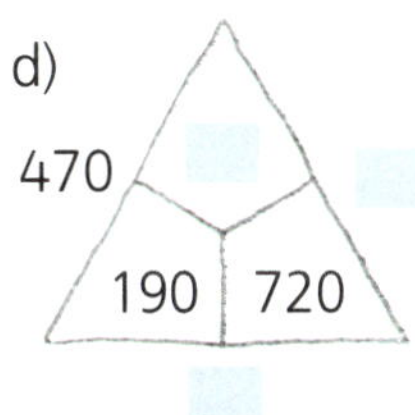

e)
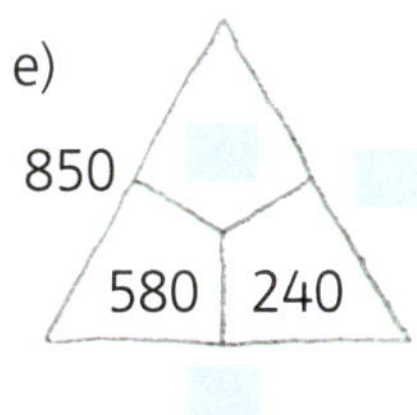

f)
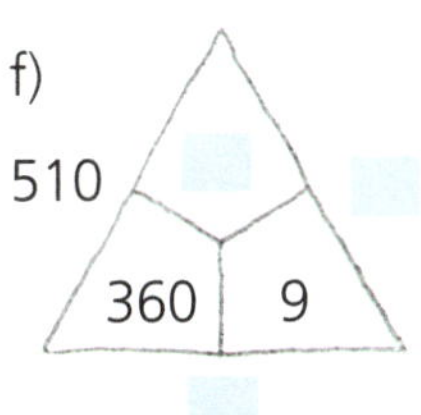

g)
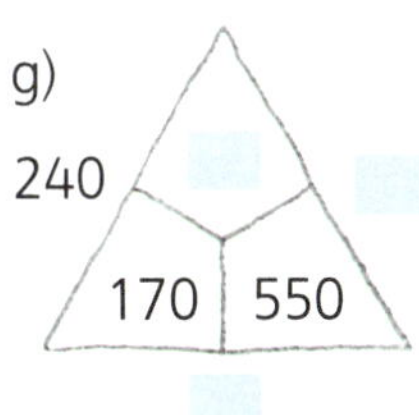

h)
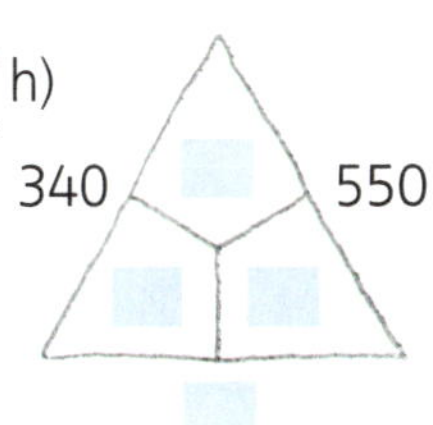

i)
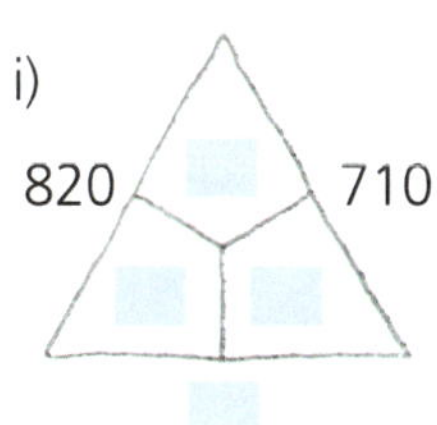

1 und 3 Dargestellte und eigene Rechenwege besprechen und diskutieren.
5 Evtl. Kopiervolage verwenden.

Gleichungen und Ungleichungen

1 Reicht der Platz im Fotoalbum?
Mirco überlegt:

350 + 74 ○ 420

= > <

2 In Katjas Fotoalbum passen 350 Bilder.
Sie hat schon 270 Fotos eingeklebt.
110 Fotos sind noch einzukleben.

3 Setze die Zeichen >, = oder < ein.

a)	b)	c)	d)
430 + 56 ○ 470	720 + 58 ○ 760	500 + 1 ○ 520	989 + 1 ○ 1 000
450 + 68 ○ 500	730 + 76 ○ 810	500 + 10 ○ 520	989 + 10 ○ 1 000
490 + 45 ○ 540	740 + 82 ○ 800	500 + 11 ○ 520	989 + 11 ○ 1 000
470 + 87 ○ 560	750 + 98 ○ 830	500 + 100 ○ 520	989 + 100 ○ 1 000

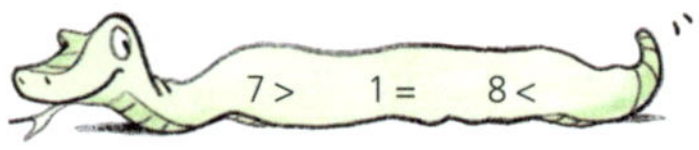

4

a)	b)	c)	d)
785 – 63 ○ 710	563 – 41 ○ 530	550 – 5 ○ 500	645 – 4 ○ 600
765 – 44 ○ 730	553 – 21 ○ 520	550 – 50 ○ 500	645 – 40 ○ 600
745 – 70 ○ 690	543 – 60 ○ 490	550 – 55 ○ 500	645 – 44 ○ 600
735 – 50 ○ 680	533 – 80 ○ 430	550 – 500 ○ 500	645 – 400 ○ 600

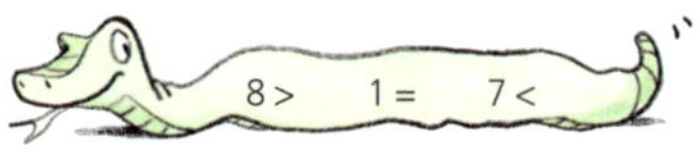

5 Schreibe jeweils alle möglichen Ungleichungen auf.

a) 498 + ☐ < 503	d) 302 – ☐ > 298	g) 900 – ☐ > 896
b) 796 + ☐ < 800	e) 504 – ☐ > 499	h) 197 + ☐ < 202
c) 395 + ☐ < 401	f) 907 – ☐ > 897	i) 205 + ☐ > 199

a) 4 9 8 + 0 < 5 0 3
4 9 8 + 1 < 5 0 3
4 9 8 + 2 <

6 Welche Zahlen passen?

a) 753 + ☐ < 762	d) 574 – ☐ > 567	g) 985 + ☐ < 993
b) 427 + ☐ < 432	e) 213 – ☐ > 209	h) 341 – ☐ > 336
c) 686 + ☐ < 693	f) 832 – ☐ > 826	i) 163 + ☐ < 171

a) 0, 1, 2, 3

7 zum Knobeln

a)

b)

c)

d) Meine Zahl ist größer als 200 und kleiner als 300. Die zweite Ziffer ist eine 4. Die dritte Ziffer ist doppelt so groß.

e) Meine Zahl ist kleiner als 800 und hat drei gleiche Ziffern. Zusammengezählt ergeben sie die Hälfte von 36.

f) Meine Zahl ist größer als 400 und kleiner als 500. Sie hat doppelt so viele Zehner wie Hunderter und halb so viele Einer wie Hunderter.

g) Meine Zahl liegt zwischen 700 und 900. Die dritte Ziffer ist eine 2. Die beiden anderen Ziffern sind gleich. Alle Ziffern zusammen ergeben 16.

1 Jedes Ergebnis steht für einen Buchstaben.

536	571	603	690	764	856	905	940	967
M	R	E	A	H	I	T	P	S

Entschlüssele:

510 + 26	520 + 170	897 + 8	694 + 70	596 + 7
786 + 70	496 + 40	456 + 80	594 + 9	481 + 90
980 – 40	621 – 50	916 – 60	549 – 13	760 – 70

877 – 21	999 – 32	962 – 57

2 Ergänze zur Hunderterzahl.

a) 500		b) 700		c) 400		d) 800		e) 600	
430		692		347		796		561	
460		652		364		785		552	
487		632		317		774		543	
492		672		324		763		534	
478		612		387		752		525	

3 Setze fort.

a)	b)	c)	d)	e)
600	800	400	500	1000
580	795	389	483	875
560	790	378	466	750

4 Setze die Zeichen >, = oder < ein.

a)	b)	c)
650 + 80 ◯ 720	950 – 240 ◯ 710	436 + 70 ◯ 510
670 + 40 ◯ 720	930 – 450 ◯ 470	172 + 50 ◯ 220
640 + 82 ◯ 720	910 – 670 ◯ 250	827 – 40 ◯ 770
660 + 59 ◯ 720	940 – 390 ◯ 540	935 – 60 ◯ 880
680 + 34 ◯ 720	960 – 780 ◯ 180	318 – 20 ◯ 300

a) 650 + 80 > 720
730

5

a) 895 / 40 / 3
b) 476 / 50 / 5
c) 297 / 30 / 7
d) 368 / 70 / 5
e) 982 / 80 / 6

f) 746 / 300 / 20
g) 756 / 400 / 21
h) 766 / 500 / 22
i) 776 / 600 / 23
j) 786 / 700 / 24

3 Jeweils um mindestens fünf Zahlen fortsetzen. 5 Evtl. Kopiervorlage verwenden.

Rechnen mit Geld – Euro

1 Wie viel Geld ist es zusammen?

Andere Euroscheine gibt es nicht!

2 Wie viel Geld ist es jeweils?

a) 
b) 
c) 
d) 

e) 
f) 
g) 
h) 

3 In einem Fahrradladen bezahlen diese Kunden jeweils mit nur einem Schein.
Welcher Schein könnte es sein?

a) Herr Schulz kauft ein neues Fahrrad für 350 €.
b) Für 180 € kauft Frau Unger einen Fahrradanhänger für Kinder.
c) Annika bezahlt für ein Sicherheitspaket 32 €.

Wie viel Geld erhalten sie jeweils zurück?

4

Der Geldautomat in der Lindenstraße enthält 100-, 50-, 20- und 10- und 5-Euro-Scheine.

a) Onkel Edmund holt 200 € ab.
Welche Scheine kann er bekommen?
b) Zwei Wochen später holt er wieder 200 €.
Im Automat sind keine 100-€-Scheine mehr vorhanden.
c) Überlege mit welchen Scheinen der Automat 300 € auszahlt.

5 Die Geldautomaten sind so programmiert, dass ein Betrag mit möglichst verschiedenen Scheinen ausgezahlt wird.
Wie kann der Automat auszahlen?

a) 100 €	c) 50 €	e) 300 €	g) 250 €
b) 400 €	d) 150 €	f) 500 €	h) 600 €

6 

Herr Mai bezahlt 900 € mit 3 Scheinen.

Frau Ost hat 800 €. Es sind 2 Scheine.

Frau Sand holt bei der Bank 500 €. Sie bekommt 3 Scheine.

Herr Moser bezahlt 800 € mit 3 Scheinen.

1 Male eine Tabelle ins Heft und trage ein.

a)

b)

c)

d)

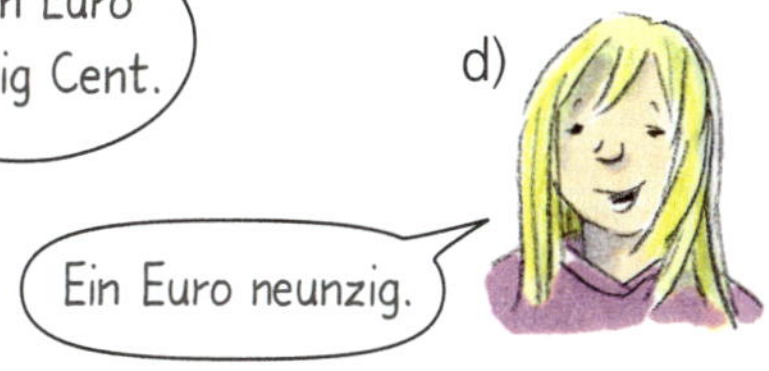

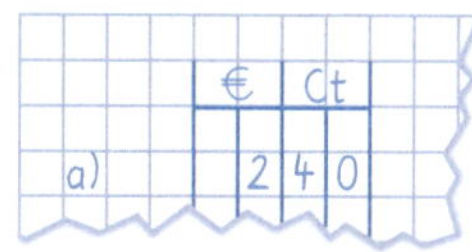

2 Lege jeden Geldbetrag und trage in eine Tabelle ein.

a) 2 € 60 Ct b) 10 € 5 Ct c) 5 € 50 Ct d) 7 € 10 Ct e) 11 € 95 Ct

3

12 € 95 Ct

a) Lege den Geldbetrag.
b) Erkläre, wie Geldbeträge mit Komma aufgeschrieben werden.

> 12 € 95 Ct = 12,95 €
> Das Komma trennt Euro und Cent.

4

Trage den Geldbetrag in eine Tabelle ein und schreibe ihn mit Komma daneben.
Nimm dann immer 1 Ct weg und schreibe den neuen Betrag auf. Setze fort bis 95 Ct.

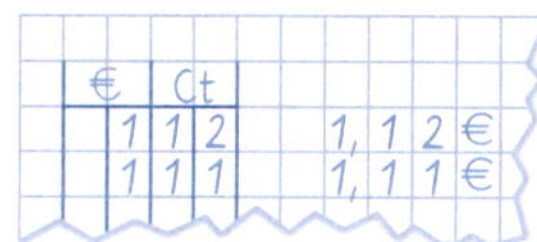

Wie schreibe ich 1 € 9 Ct mit Komma?

Wie schreibe ich 1 € mit Komma?

Wie ist das mit 99 Ct?

Und wie wäre das mit 9 Ct?

5 Wie viel € und Ct?

a)	b)	c)	d)	e)
3,65 €	14,68 €	5,45 €	20,50 €	0,99 €
4,95 €	15,95 €	5,10 €	120,05 €	0,90 €
2,99 €	10,90 €	5,05 €	500,50 €	0,09 €

6 Schreibe mit Komma.

a)	b)	c)	d)
4 € 1 Ct	7 € 9 Ct	5 Ct	80 €
4 € 10 Ct	79 Ct	50 Ct	8 Ct
41 € 10 Ct	7 € 90 Ct	5 €	80 Ct

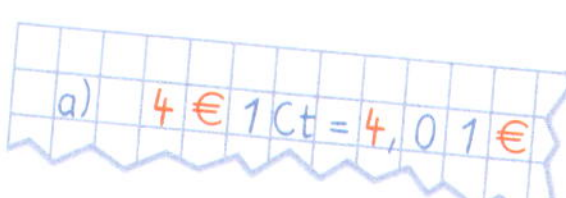

7 Welche Beträge sind gleich?

5,50 € | 0,55 € | 3,15 € | 5 € 5 Ct | 5 € 50 Ct | 8,40 € | 3,50 € | 8 € 40 Ct | 3 € 50 Ct | 3 € 15 Ct | 5,05 € | 8,04 € | 55 Ct

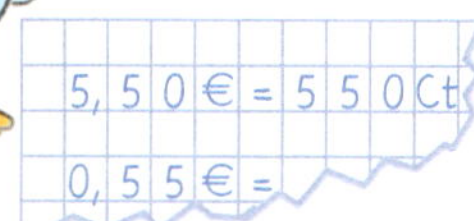

Beim Schlittschuhlaufen

1 Erzähle – frage – rechne – antworte.

2 Zu welchen Texten kannst du rechnen? Schreibe die Fragen auf und beantworte sie.

a) Herr Müller geht mit seinen zwei Kindern zur Eisbahn.

b) Marie kauft zwei Pizzas.

c) Boris fährt auf dem Eis dreimal die Acht.

d) Frau Leutner kauft 4 Bratwürste und 2 Tassen Tee.

e) Irma geht dreimal in der Woche zur Eisbahn.

f) Peter geht zu Fuß 15 Minuten zur Eisbahn. Er kommt mit 3 Freunden.

g) Familie Köhler leiht sich 4 Paar Schlittschuhe.

3 Eintrittspreise:

a) Sina bezahlt für sich und ihre beiden Freundinnen.

b) Frau Huber kauft Eintrittskarten für sich und vier Kinder.

c) Familie Jung braucht Karten für 2 Erwachsene und 2 Kinder.

d) Der Leiter der Jugendgruppe bezahlt 18,50 €.

e) Frau Bähr bezahlt 8 €.

f) Herr Baier bezahlt 7 €.

4 Am Kiosk:

a) Adrian muss 6 € bezahlen. 

b) Frau Haider muss 10 € bezahlen. 

c) Herr Wolf bezahlt mit einem 50-€-Schein und bekommt 34 € zurück.

5

Wie würdest du entscheiden?

1 Beim Schulfest wurden für Getränke 376 Euro und beim Kuchenverkauf 423 Euro eingenommen. Wie viel Euro waren es insgesamt?

Besprecht und vergleicht die Rechenwege der Kinder.

2 Die Kinder rechnen schriftlich. Lege mit Rechengeld nach.

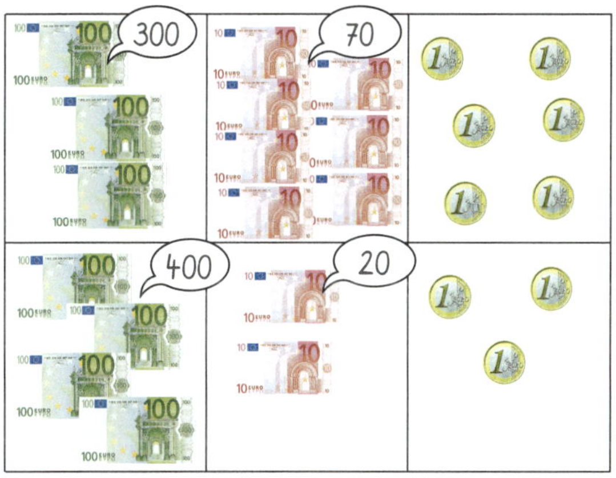

	H	Z	E
	3	7	6
+	4	2	3
	7	9	9

3 Lege mit Rechengeld und rechne schriftlich.

a)	H	Z	E	b)	H	Z	E	c)	H	Z	E	d)	H	Z	E	e)	H	Z	E	f)	H	Z	E
	3	4	2		3	1	7		2	8	0			2	3		5	4	1		4	0	7
+	5	2	6	+	3	5	2	+	7	1	9	+	4	6	2	+		5	7	+	2	6	0

485 598
667 669
868 999

4

a) $\begin{array}{r} 325 \\ +243 \\ \hline \end{array}$ b) $\begin{array}{r} 341 \\ +337 \\ \hline \end{array}$ c) $\begin{array}{r} 635 \\ +140 \\ \hline \end{array}$ d) $\begin{array}{r} 73 \\ +516 \\ \hline \end{array}$ e) $\begin{array}{r} 465 \\ +303 \\ \hline \end{array}$ f) $\begin{array}{r} 843 \\ +\ 56 \\ \hline \end{array}$

568 589
678 768
775 899

5 Schreibe untereinander und rechne schriftlich.

a) 624 + 135 b) 352 + 26 c) 13 + 734 d) 74 + 702 e) 160 + 627
f) 425 + 562 g) 85 + 514

5 Mit Rechengeld legen.

Schriftlich rechnen – plus

1 Wie viel Geld wurde insgesamt eingenommen?

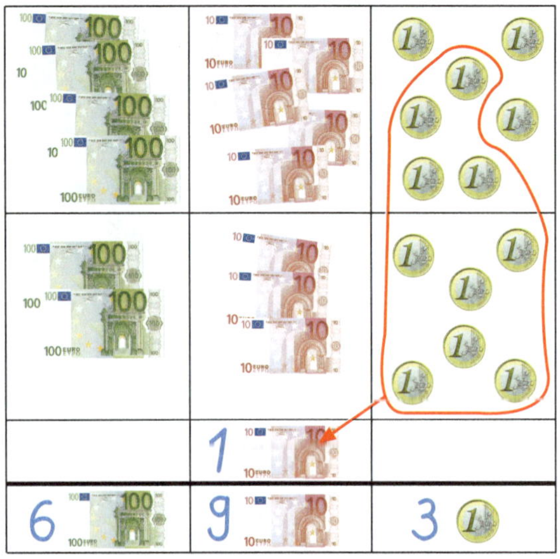

	H	Z	E
	4	5	7
+	2	3	6
		1	
	6	9	3

2

	H	Z	E
a)	3	7	8
+	4	1	7

	H	Z	E
b)	2	7	4
+	5	1	7

	H	Z	E
c)	2	0	8
+	5	6	4

	H	Z	E
d)	4	1	7
+	2	7	6

	H	Z	E
e)	6	7	3
+	2	1	8

	H	Z	E
f)	5	1	7
+	2	4	8

	H	Z	E
f)	2	8	2
+	5	0	8

3

	H	Z	E
	4	5	7
+	3	8	2
	1		
	8	3	9

7 E + 2 E = 9 E
5 Z + 8 Z = 13 Z
13 Z = 1 H + 3 Z

	H	Z	E
a)	3	6	1
+	4	5	7

	H	Z	E
b)	6	9	3
+	1	5	5

	H	Z	E
c)	4	7	1
+	2	5	8

	H	Z	E
d)		8	5
+	5	7	2

	H	Z	E
e)	6	8	1
+	1	6	5

	H	Z	E
f)	5	6	5
+	2	8	4

	H	Z	E
g)	4	9	8
+	3	4	1

	H	Z	E
h)	7	5	2
+	1	7	6

	H	Z	E
i)	5	3	7
+	3	7	2

	H	Z	E
j)	4	2	6
+	4	8	1

4

a) 171 + 548
b) 402 + 379
c) 256 + 478
d) 423 + 287
e) 236 + 189
f) 675 + 245
g) 584 + 337
h) 256 + 464
i) 637 + 184
j) 349 + 561
k) 583 + 248
l) 758 + 192
m) 425 + 378
n) 176 + 689

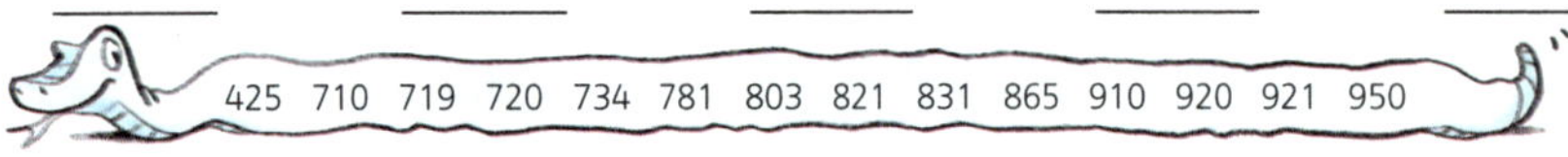

5

a) Beim Schulfest wurden 453 Lose am Vormittag und 294 Lose am Nachmittag verkauft.
b) Beim Sackhüpfen machten 124 Erwachsene und 148 Kinder mit.
c) Es wurden 271 Flaschen Mineralwasser und 253 Flaschen Apfelsaft verkauft.

2 und **3** Evtl. einige Aufgaben mit Rechengeld legen.

1

Für Donnerstag haben sich drei Schulen zum See-Ausflug angemeldet.

See-Ausflug am Donnerstag	
Grundschule Nassenfels	164 Kinder
Grundschule Dollnstein	96 Kinder
Grundschule Eichstätt	243 Kinder

Wie viele Schüler nehmen insgesamt teil?
Es sind ☐ Schüler.

2 Schreibe untereinander und rechne schriftlich.

a) 241 + 165 + 393
b) 230 + 140 + 580
c) 139 + 406 + 213
d) 372 + 495 + 116
e) 442 + 71 + 356
f) 555 + 108 + 47
g) 456 + 234 + 123
h) 543 + 345 + 112

3 Bilde Plusaufgaben. Jeweils zwei Zahlen ergeben die Zahl im Segel.

4 Rechne schriftlich. Setze die Aufgabenreihen fort.

a)
523 + 274 + 123
524 + 274 + 122
525 + 274 + 121
526 + 274 + 120

b)
456 + 85 + 348
476 + 85 + 346
496 + 85 + 344
516 + 85 + 342

c)
107 + 226 + 573 + 8
207 + 206 + 473 + 28
307 + 186 + 373 + 48
407 + 166 + 273 + 68

5 Findest du die fehlenden Ziffern?

a) 32□ + 4□4 = □56
b) 2□4 + 63□ = □89
c) 4□3 + □14 = 65□
d) □53 + 3□4 = 89□
e) □07 + 4□1 = 90□
f) 132 + □□5 = 67□
g) 24□ + 5□1 = □86
h) 45□ + 262 = □□8
i) 24□ + □85 = 6□7
j) 3□2 + 54□ = □89
k) □54 + 4□□ = 728
l) 345 + 4□7 = □6□
m) 2□6 + 638 = □7□
n) 525 + □□9 = 78□

6 Packe jeweils drei passende Schachteln in die Kiste.

a)

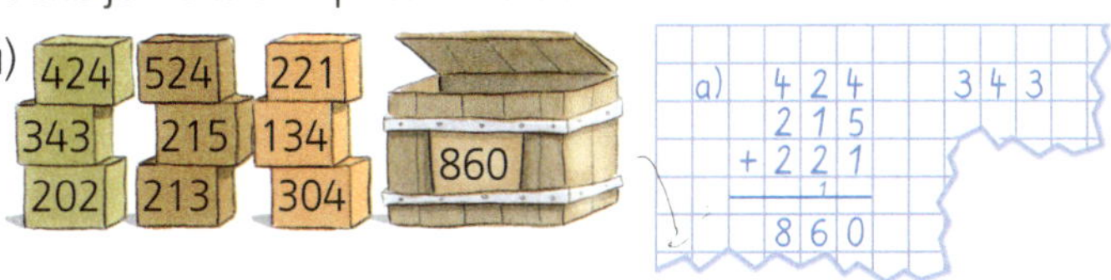

b)

Insgesamt 6 Rechnungen.

Überschlagsrechnung – plus

1

a) Die Kinder interessieren sich für zwei Artikel aus dem Schaufenster. An welche denken sie?
b) Ein Kind hat gerundet, die anderen haben die Zahlen anders vereinfacht. Vergleicht die Ergebnisse der Überschlagsrechnungen.
c) Berechnet das genaue Ergebnis. Wer kommt dem Ergebnis am nächsten?

2 Wie viel Euro kosten die beiden Artikel ungefähr?
a) Runde die Zahlen und überschlage.

Trikot Helm	Tourenrad Trikot	City-Cruiser Helm	Packtaschen Helm	Tourenrad Packtaschen

b) Vereinfache die Zahlen und überschlage.
c) Rechne nun genau. Wann kommst du dem Ergebnis am nächsten?

3

Prüfe mit einer Überschlagsrechnung.

a) 583 + 128
583 + 128 = 781
583 + 128 = 691
583 + 128 = 711 (schriftlich: 583 + 128 = 711)

b) 342 + 253
342 + 253 = 555 (schriftlich: 342 + 253 = 555)
342 + 253 = 595
342 + 253 = 715

c) 819 + 158
819 + 158 = 927
819 + 158 = 977
819 + 158 = 997 (schriftlich: 819 + 158 = 997)

4 Vergleiche deine Überschlagsrechnung mit der genauen Rechnung.

a) 237 + 48
415 + 73
623 + 62
918 + 74

Ü: 240 + 50 = 290

  237
+ 48
  285

b) 778 + 69
185 + 92
261 + 84
547 + 57

c) 457 + 225
746 + 138
123 + 251
677 + 209

d) 393 + 218
624 + 189
545 + 366
782 + 139

5 Welche Flächen erkennst du an den Körpern?

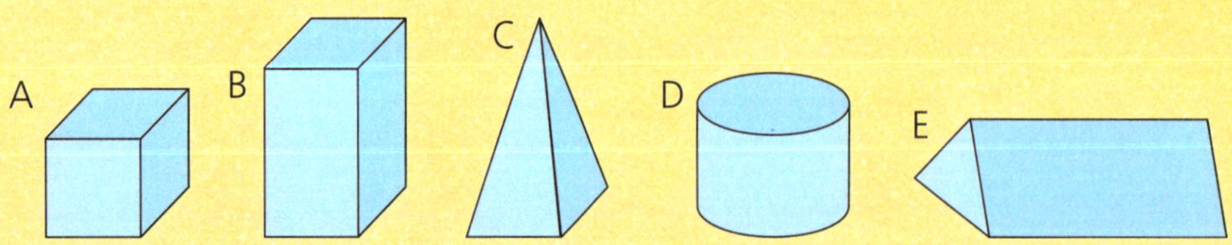

A Würfel: 6 Quadr

1 0 1 2 3 4 5 6 7 8 9

Nehmt sechs verschiedene Ziffernkarten.
Legt mit ihnen zwei dreistellige Zahlen und schreibt eine Plusaufgabe.
Erfindet weitere Aufgaben.

	H	Z	E
	3	8	5
+	4	9	2

2 Legt Plusaufgaben mit sechs verschiedenen Ziffernkarten.

a) Das Ergebnis soll möglichst groß sein.

b) Das Ergebnis soll möglichst klein sein.

c) Das Ergebnis soll kleiner als 400 sein.

d) Das Ergebnis soll zwischen 900 und 1000 liegen.

e) Das Ergebnis soll zwischen 500 und 600 liegen.

f) Ergebnis 999

g) Ergebnis 777

h) Ergebnis 1000

+			
1	0	0	0

3 Legt eine Plusaufgabe mit sechs verschiedenen Ziffernkarten.
Rechnet schriftlich.
Vertauscht immer zwei Karten.
Wann ändert sich das Ergebnis nicht?

	2	5	3		3	5	2
+	4	6	1	+	4	6	1
	4	5	3				
+	2	6	1	+			

4 **DAS TAUSENDER-SPIEL**

a) Würfelt abwechselnd sechsmal.
Tragt nach jedem Wurf die Augenzahl in die Stellentafel ein.
Gewonnen hat, wer näher an das Ergebnis **1000** herankommt.

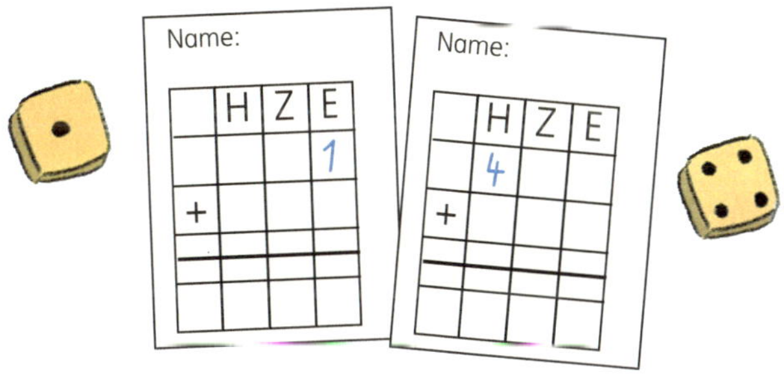

b) Wer hat gewonnen?

Name: Marie

	H	Z	E
	4	3	5
+	5	2	1

Name: Tim

	H	Z	E
	5	1	6
+	4	4	5

Name: Elena

	H	Z	E
	5	1	6
+	5	2	4

Name: Julia

	H	Z	E
	5	4	5
+	4	3	1

Name: Leo

	H	Z	E
	3	5	2
+	6	4	1

Name: Lara

	H	Z	E
	6	1	5
+	4	1	3

W

5

a)	b)	c)	d)	e)
777 – 400	765 – 600	420 – 300	435 – 400	987 – 900
777 – 40	765 – 60	420 – 30	435 – 30	987 – 90
777 – 4	765 – 6	420 – 3	435 – 5	987 – 9
888 – 600	853 – 500	640 – 400	654 – 600	321 – 300
888 – 60	853 – 50	640 – 40	654 – 50	321 – 30
888 – 6	853 – 5	640 – 4	654 – 4	321 – 3

Schriftlich rechnen – plus

1

```
  4 5 8
+ 3 6 6
-------
  7 2 4
```
Lukas

?

Ist die Aufgabe richtig gelöst?
Wie kannst du das Ergebnis überprüfen?

Überschlagen:
Ü: 460 + 370 = 830
Das Ergebnis 724 kann nicht stimmen.
Vera

Probe:
Hanna
458
+ 366
824
Ich rechne von oben nach unten und von unten nach oben.

Zerlegen und im Kopf rechnen:
458 + 300 = 758
758 + 60 = 818
818 + 6 = 824
Daniel

Wie überprüfst du das Ergebnis?

2 Sechs Kinder haben falsch gerechnet. Prüfe und erkläre.
Rechne die falsch gerechneten Aufgaben richtig.

Welche Aufgaben rechnest du schneller im Kopf?

```
  7 3 6        3 4 1        7 4 8        4 1 7        5 1 7          8 9
+ 2 4 0     +    8 2     + 2 0 4     + 5 1        + 2 7 8      + 5 7 2
                             1                        1            1
-------     --------     -------     -------      -------      -------
  9 7 6        3 2 3        9 5 2        9 2 7        7 9 5        5 6 1
    Max          Ina          Ali       Julius         Anna         Lisa
```

```
  3 6 9        2 6 2          7 8      5 8 9        4 9 7        3 2 9
    4 8          8 7        2 9 5        7 8        2 8 5        1 6 4
+ 2 7 5     + 1 0 9     + 2 7 0     + 1 9 8      +    2 6     +    9 6
  1 1          1 1          1 1        2 2          2 1            2
-------     -------     -------     -------      -------      -------
  6 8 2        4 5 8        5 4 3        8 6 5        8 0 8        4 9 0
    Lea       Marvin     Natascha       Lena       Sascha      Torsten
```

3 Überprüfe die Ergebnisse.

a) 245 + 493 = 638
b) 245 + 524 = 769
c) 413 + 386 = 799
d) 413 + 179 = 502
e) 354 + 538 = 812
f) 362 + 285 = 547

```
a) Ü: 250 + 490 = 740
   Das Ergebnis 638 kann nicht stimmen.
     2 4 5
   + 4 9 3
     1
     7 3 8
```

Wähle einen Weg und schreibe ihn auf.

g) 628 + 87 = 715
h) 572 + 247 = 719
i) 186 + 723 = 909
j) 348 + 309 = 757
k) 462 + 438 = 900
l) 269 + 576 = 835

W

4 a) 9 0 7 6 | 7 9
0 0 42 49 54 63 63 81

b) 5 1 6 7 | 5 6
5 6 25 30 30 35 36 42

c) 3 5 8 4 | 6 8
18 24 24 30 32 40 48 64

d) 2 4 8 10 | 3 9
6 12 18 24 30 36 72 90

Schriftlich rechnen mit Kommazahlen – plus

1

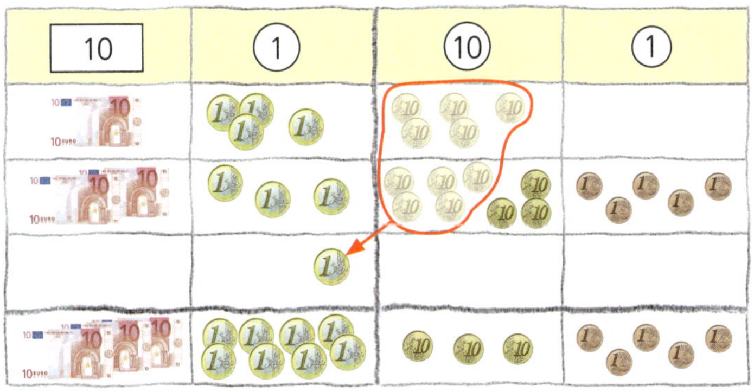

Wie viel kosten Fußball und Kuscheltier aus dem Schaufenster?

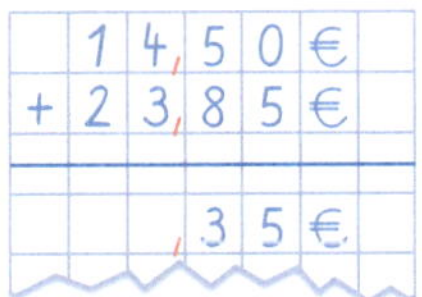

Berechne den Gesamtpreis der Angebote aus Schaufenster, Katalog und Internet.

a) von Fußball und Kuscheltier

b) von Baukasten und Fußball

c) von Baukasten, Kuscheltier und Fußball

2

a)	b)	c)	d)	e)	f)
2,60 €	13,98 €	34,12 €	1,10 €	0,99 €	14,75 €
3,25 €	5,95 €	10,05 €	0,98 €	9,80 €	8,99 €
+ 1,12 €	+ 9,98 €	+ 6,20 €	+ 1,98 €	+ 19,80 €	+ 25,14 €

3

a) 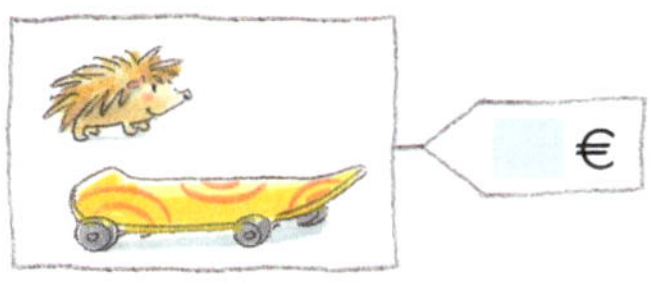

b) 

c) 

d) 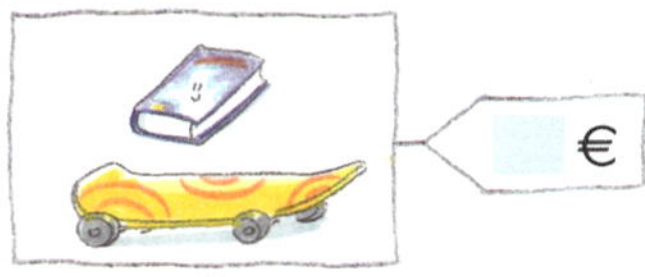

e) 

f) 

g) 

Bilde auch eigene Aufgaben.

3 Überschlagsrechnung zur Überprüfung der Ergebnisse nutzen.

Figuren zeichnen

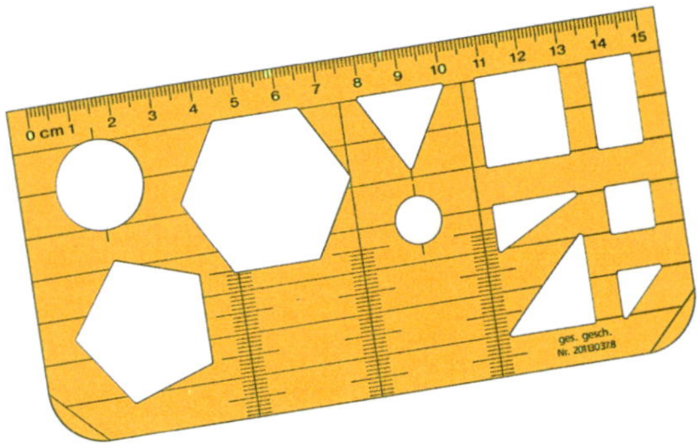

1 a) Zeichne den Umriss deiner Schablone nach.

b) Zeichne auch alle Formen ein.

c) Male aus:
- alle Kreise grün
- alle Dreiecke rot
- alle Vierecke blau
- das Fünfeck gelb
- das Sechseck schwarz

2 Diese Muster kannst du mit deiner Schablone zeichnen. Setze sie fort.

a) 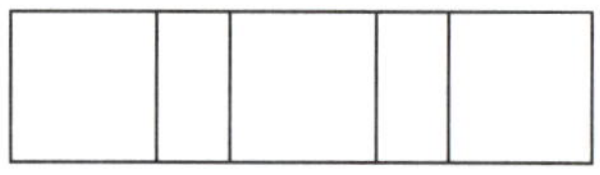
b) 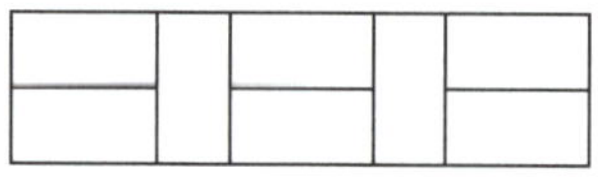
c) 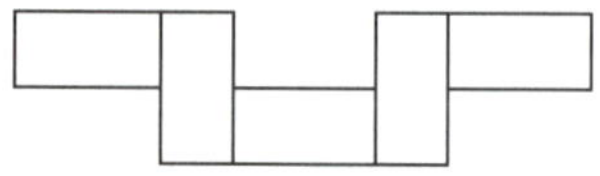
d) 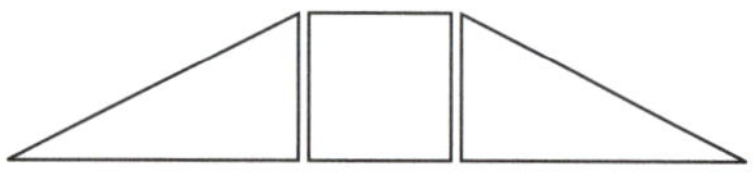
e) 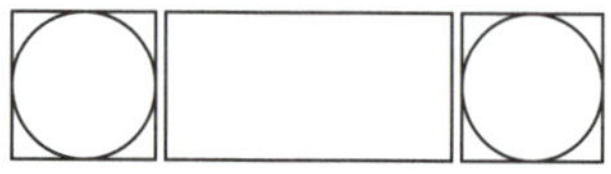
f) 
g) 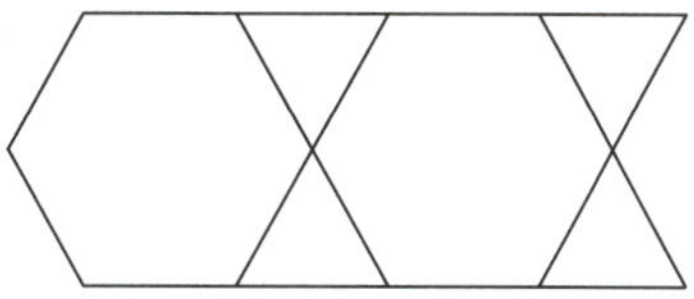
h) 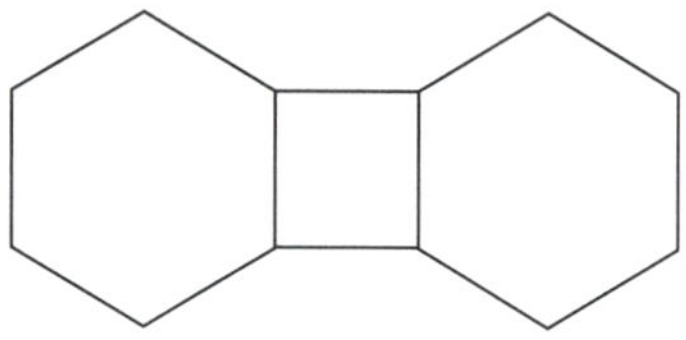
i) 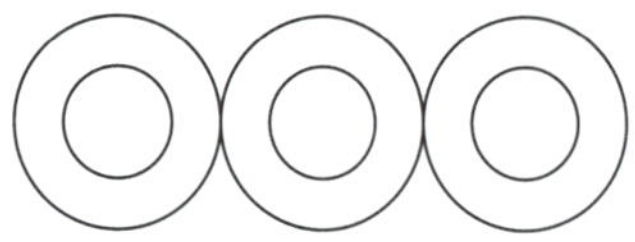

3 Übertrage die Linien. Ergänze jeweils zu einem Dreieck.

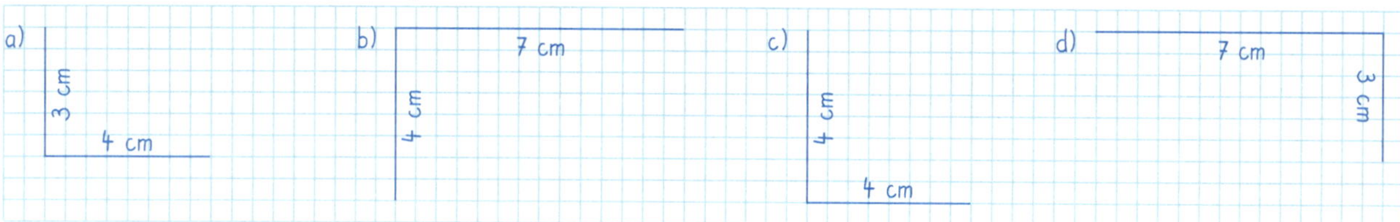

4 Zeichne mit der gekennzeichneten Form ein Quadrat mit 4 cm Seitenlänge.

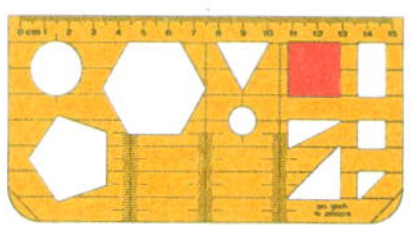

5 Zeichne mit der Form ein Quadrat mit 4 cm Seitenlänge.

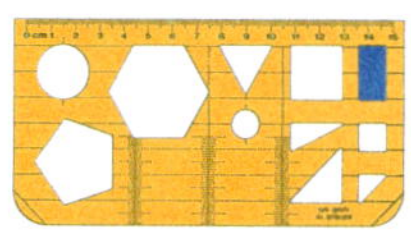

6 Übertrage die Figur. Verbinde Start und Ziel durch eine gerade Linie. Miss die Linie und vergleiche mit deinem Partner.

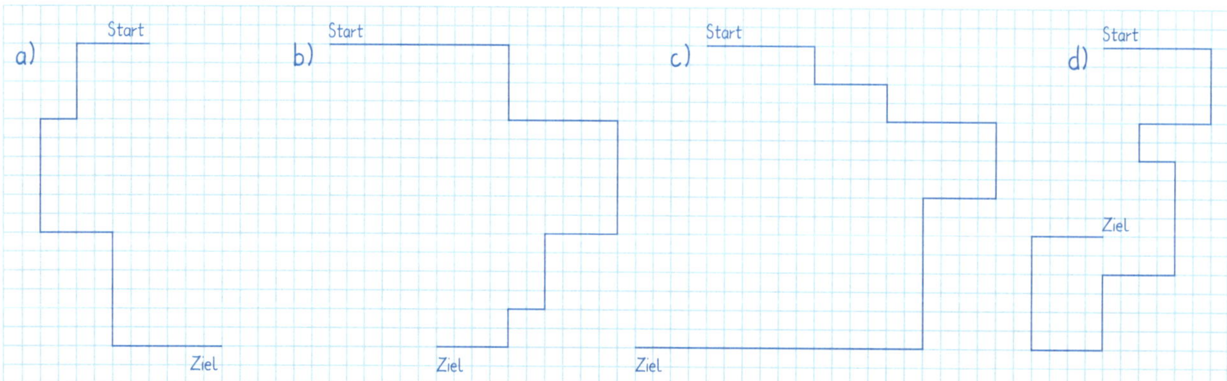

2 Muster farbig gestalten.

1 Kinder haben versucht, ohne Lineal und Schablone zu zeichnen.

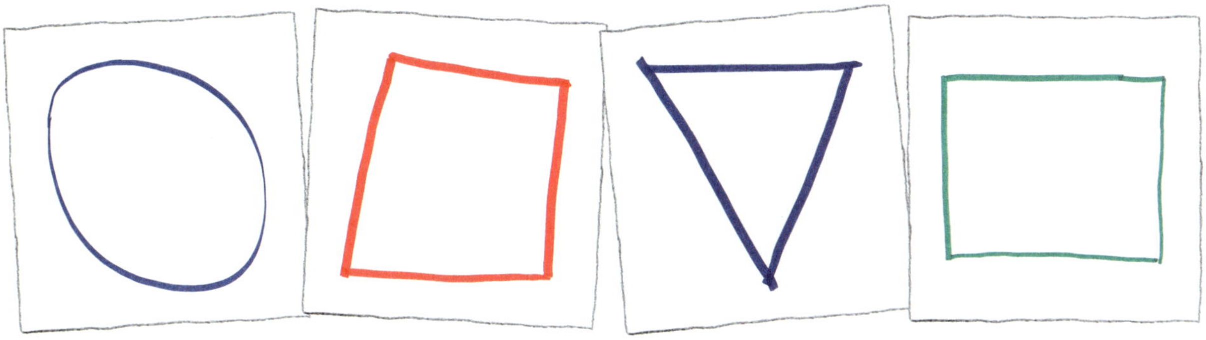

2 Zeichne ohne Lineal oder Schablone
a) ein Quadrat c) ein Sechseck
b) ein Dreieck d) einen Kreis

Kann dein Nachbar erkennen, welche Figur du gezeichnet hast?

3 Schaue bei jeder Aufgabe den Text genau an.
a) Zeichne freihändig:

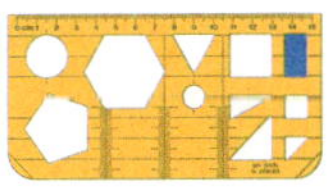

Einen Kreis, der genau in das große Quadrat der Schablone passt.

Ein Quadrat, um das genau der goße Kreis passt.

Einen Kreis, der möglichst genau in das Fünfeck passt.

Ein Sechseck, das möglichst genauso groß ist wie das Sechseck auf der Schablone.

b) Überprüfe mit deiner Schablone, wie genau du gezeichnet hast.

4 Überlege, wie diese Muster entstanden sind. Zeichne sie freihändig ab.

a) 

b) 

c) 

d) 

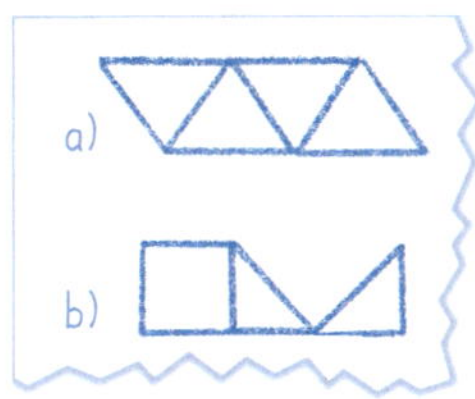

W

5

a)	b)	c)	d)
270 + 75	898 + 60	640 – 60	436 – 40
270 + 85	898 + 90	640 – 50	436 – 60
270 + 65	898 + 80	640 – 80	436 – 50
270 + 95	898 + 70	640 – 90	436 – 70

6

a)	b)	c)	d)
621 – 9	385 – 7	411 – 2	133 – 4
621 – 90	385 – 70	411 – 20	133 – 40

e)	f)	g)	h)
543 – 5	254 – 6	766 – 8	328 – 9
543 – 50	254 – 60	766 – 80	328 – 90

2 bis 4 Papier ohne Karos verwenden.

Der rechte Winkel

1

2

3 Falte verschiedene Papiere zweimal. Lege die Faltwinkel aufeinander und vergleiche.

4 a) Wo findest du im Bild oben rechte Winkel?
Überprüfe mit einem Faltwinkel.
b) Wo findest du im Klassenzimmer rechte Winkel?

5 Wo findest du rechte Winkel?

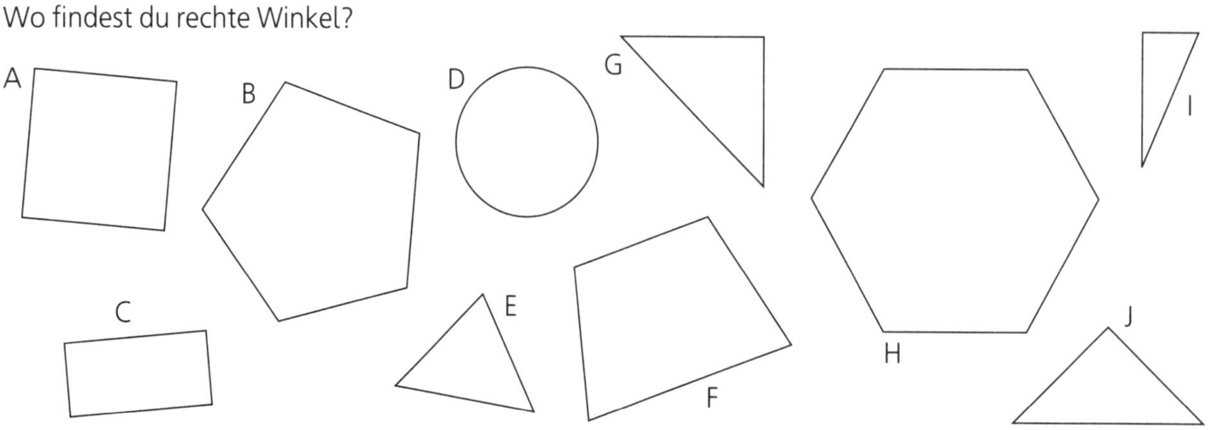

Spiegelbilder

1 a) Beschreibe das Bild.
b) Wo kannst du Spiegelbilder sehen?

b) Wasserfläche
Christbaumkugel

2 Beschreibe die Spiegelbilder. Probiere mit einem Spiegel.

a) 

b) 

c) 

d) 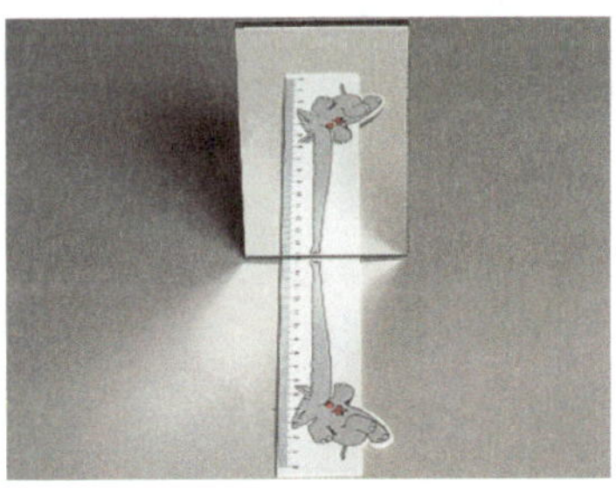

e) 

f) 

g) 

h) 

i) 

3 Führe selbst Versuche mit Spiegelbildern durch.

Symmetrische Figuren

1 Stelle den Spiegel so, dass du zwei gleiche Insekten siehst.

Wespe

Honigbiene

Hummel

Stubenfliege

2

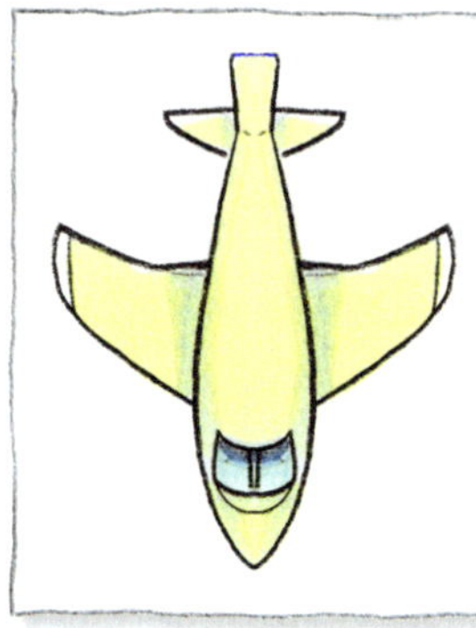

a) Auch hier kannst du mit dem Spiegel zwei gleiche Figuren erzeugen.
b) Versuche nun, den Spiegel genau so auf das Bild zu stellen, dass du die gleiche Figur nur einmal siehst. Ist das bei allen Bildern möglich?

3 Untersuche mit Hilfe eines Spiegels, ob die Figuren zwei deckungsgleiche Hälften haben.

1 Spiegel oben, unten, links oder rechts anlegen.

1 Wie entstehen solche Klappkarten?

Probiert aus.

Prüft mit dem Spiegel.

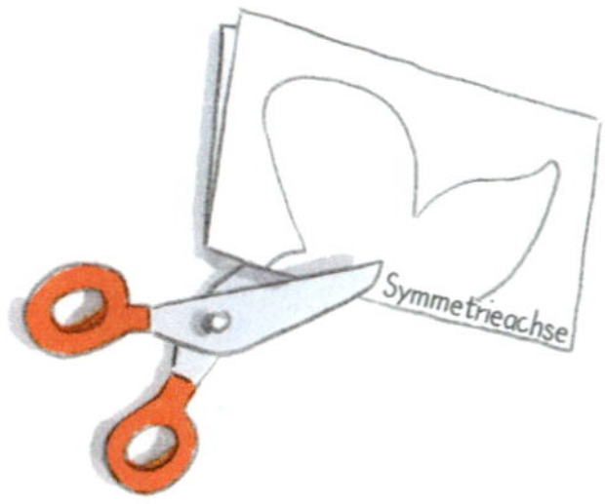

2 Welche der Figuren entsteht durch das Ausschneiden und Aufklappen? Prüfe mit dem Spiegel.

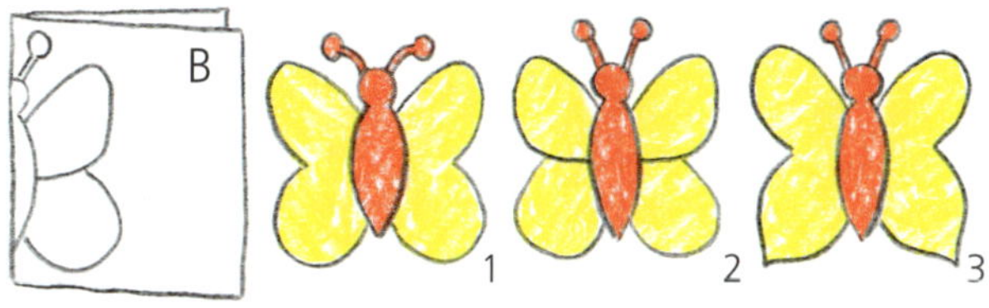

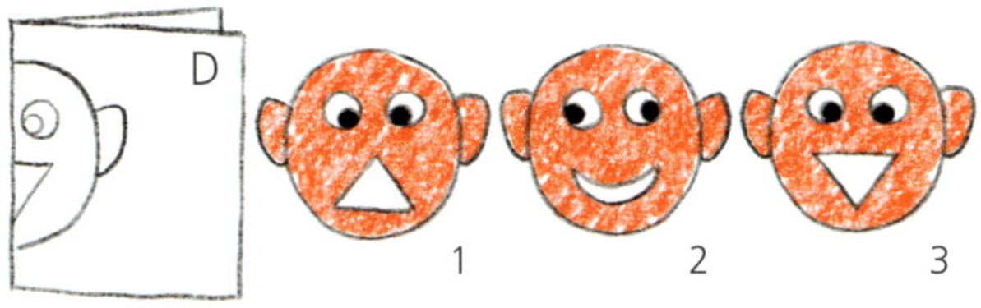

3 Welche Figuren wurden ausgeschnitten? Zeichne jeweils die Symmetrieachse ein.

A

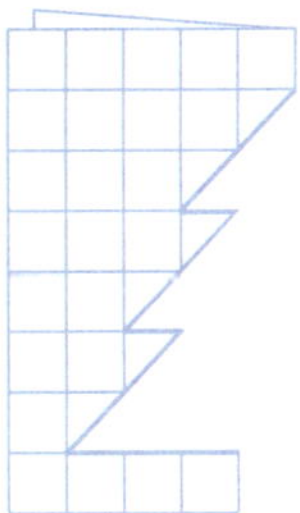

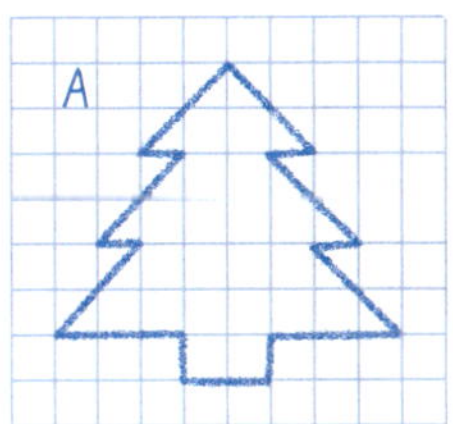

B

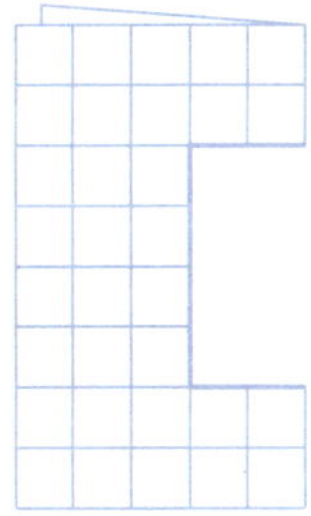

C

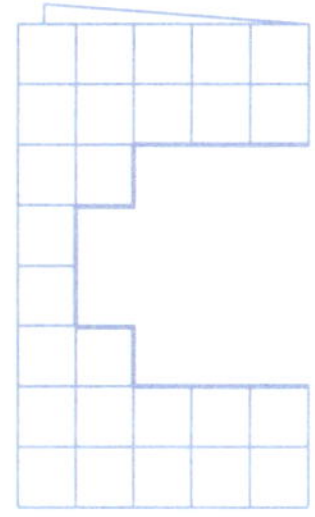

D

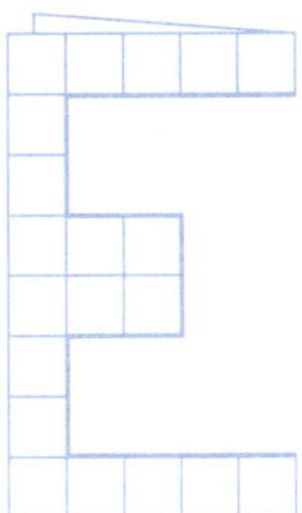

E

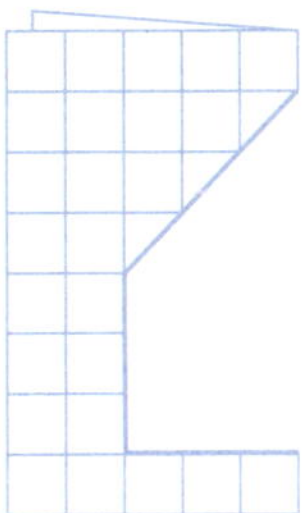

F

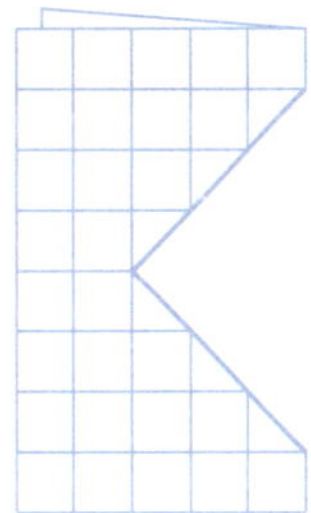

G

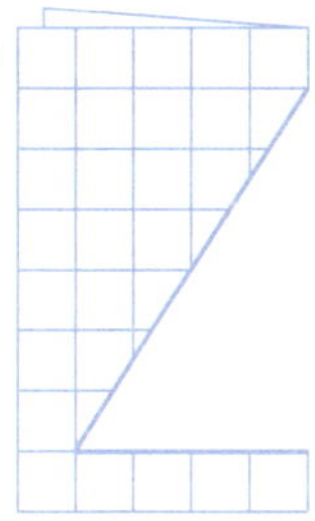

4 A

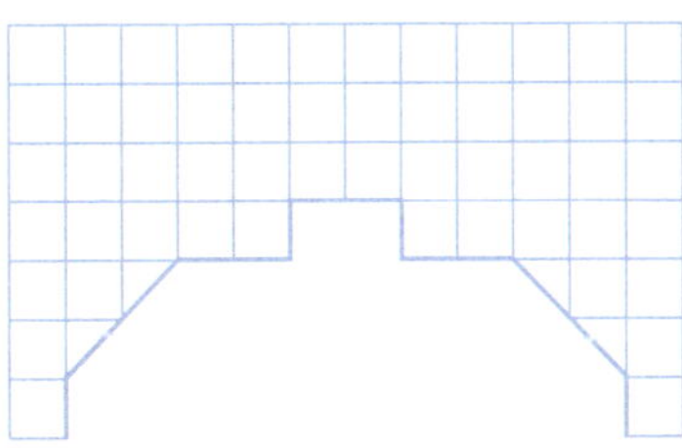

B

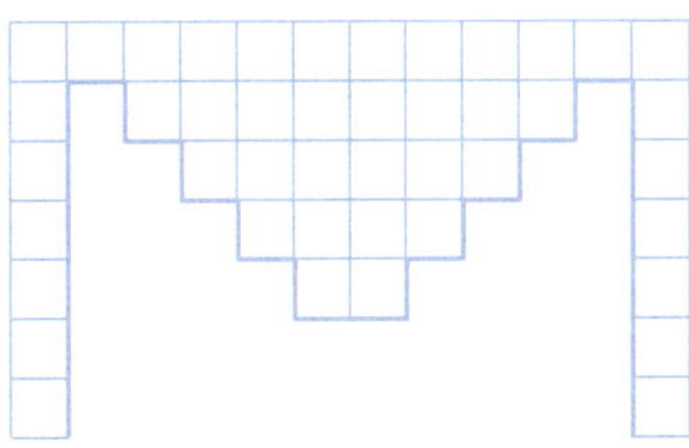

Symmetrische Figuren

- deckungsgleiche Hälften
- mindestens eine Spiegelachse (Faltachse, Symmetrieachse)

5

252	348	436	437	529
533	611	621	625	667
707	713	795	852	944
1026				

W

3 Evtl. Karopapier falten, Figuren zeichnen und ausschneiden.

Symmetrische Figuren

1 Legt symmetrische Figuren.

2 Zeichne im Heft. Ergänze symmetrisch.

a)
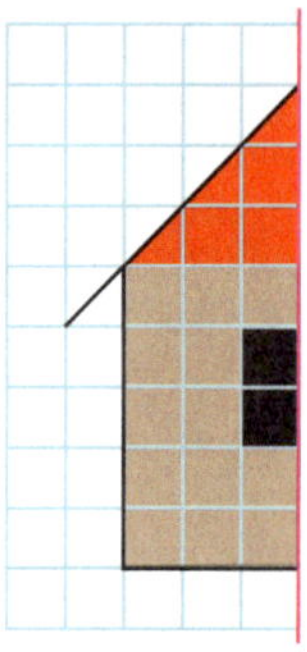

b)
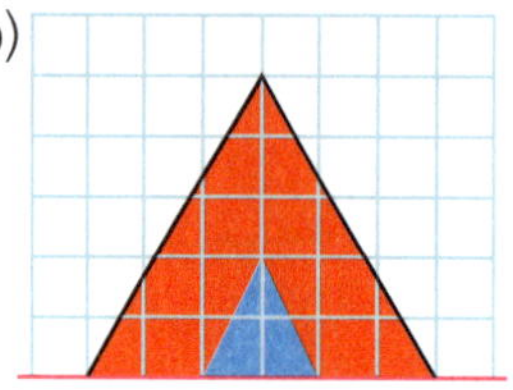

c)
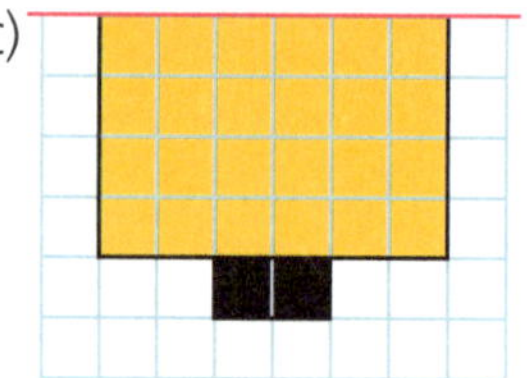

d)
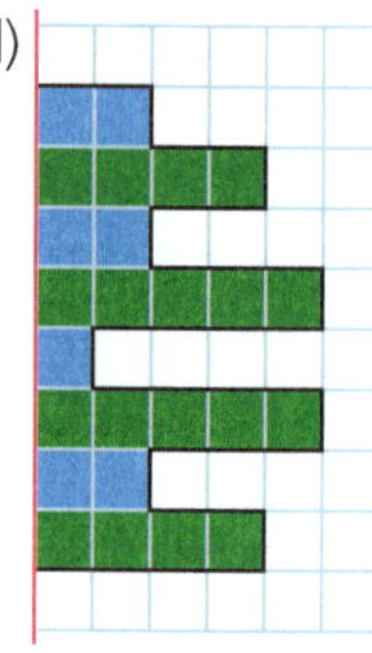

Beide Hälften müssen deckungsgleich sein.

e)
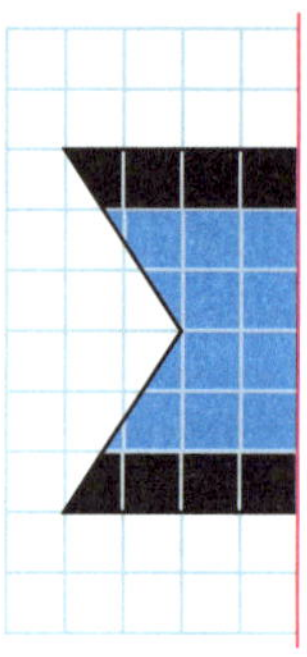

f)
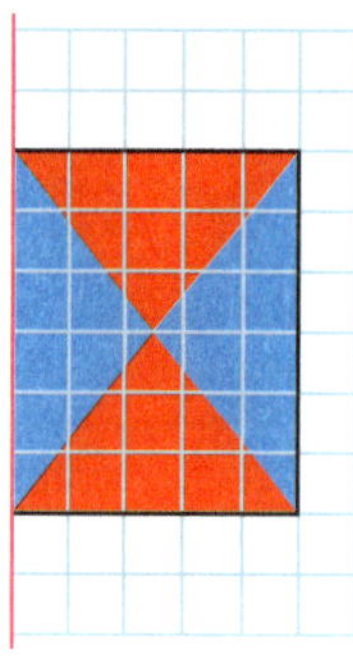

g)
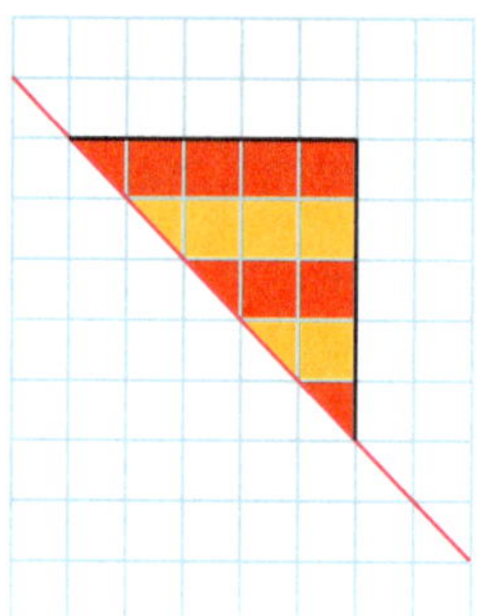

h)
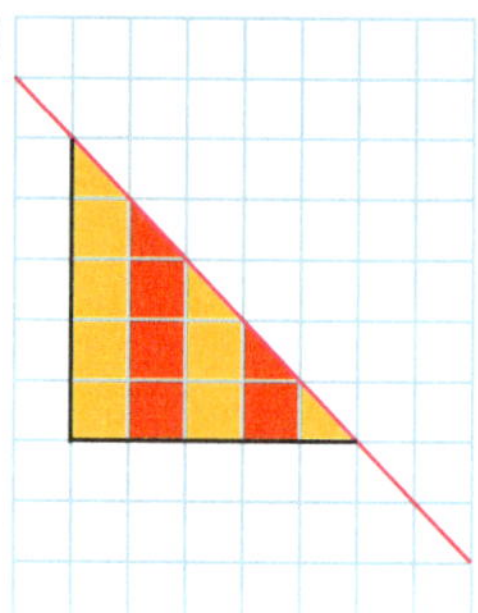

3 Zeichne ab und ergänze symmetrisch.

a)
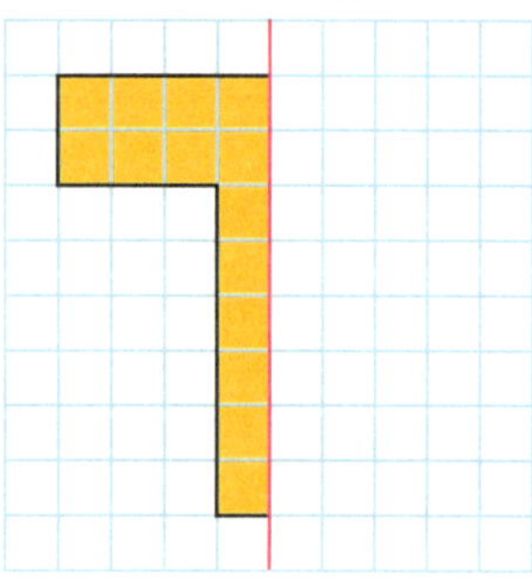

b)
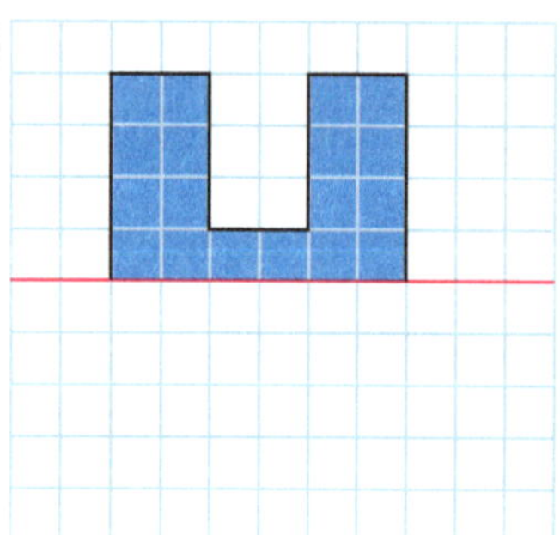

c)
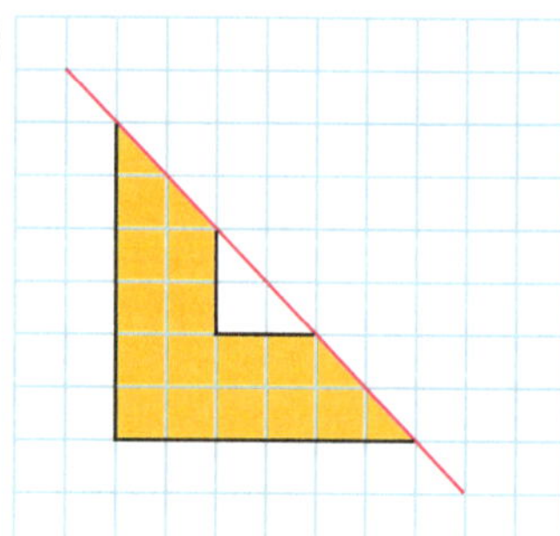

4 a) Erfinde selbst Figuren, die sich symmetrisch ergänzen lassen.
b) Lasse auch deinen Nachbarn die Figuren ergänzen.
c) Spanne Figuren auf dem Geobrett. Ergänze und überprüfe mit dem Spiegel.

1 Plättchen zum Legen herstellen (wie auf S. 11).

1 a) Mit einem Spiegel kannst du die Wörter lesen.
b) Suche weitere Wörter mit Symmetrieachse.
c) Kannst du deinen Namen spiegelverkehrt schreiben?

2 Überprüfe mit einem Spiegel, ob diese Buchstaben und Zahlen symmetrisch sind.

H E I 4 M O D P T F W Z 8 B U V X 3 C 5

3 Suche die Symmetrieachsen.

UHU EICHE OTTO

4 Setze einen Spiegel so auf die Geisterfigur, dass Bild 1 entsteht.
Drehe nun den Spiegel. Wann siehst du Bild 2 und Bild 3?

Schriftlich rechnen – minus

1

Ich habe 458 € gespart und kaufe mir dieses Rad.

Wie viel Geld bleibt übrig?

E: 8 minus 6 gleich 2.
Z: 5 minus 2 gleich 3.
H: 4 minus 3 gleich 1.

	H	Z	E
	4	5	8
–	3	2	6
	1	3	2

2

a)

	H	Z	E
	5	9	6
–	2	7	1

b)

	H	Z	E
	6	5	4
–	1	2	3

c)

	H	Z	E
	9	6	7
–		4	0

d)

	H	Z	E
	8	7	9
–	6	0	7

e)

	H	Z	E
	4	8	6
–	2	5	6

f)

	H	Z	E
	7	9	3
–	4	7	1

g)

	H	Z	E
	5	4	9
–		3	7

230 272 322 325 512 531 927

3

a) 847 – 625
b) 595 – 372
c) 692 – 562
d) 776 – 405
e) 483 – 72
f) 287 – 63
g) 573 – 203
h) 739 – 617
i) 862 – 551
j) 455 – 43
k) 388 – 257
l) 674 – 163
m) 199 – 67
n) 567 – 316

122 130 131 132 222 223 224 251 311 370 371 411 412 511

4

Gespart	948 €	759 €	884 €	498 €	297 €	439 €
Preis	635 €	525 €	632 €	50 €	243 €	312 €
übrig	€	€	€	€	€	€

W

5 Geheim! Jede Zahl steht für einen Buchstaben.

14	18	24	30	36	40	42	45	48	50	54	56
A	B	C	D	E	H	I	N	R	S	T	U

5·8 | 4·9 | 7·8 | 6·9 | 6·6

2·7 | 6·3 | 9·4 | 5·9 | 5·6

7·7+5 | 5·8+2 | 8·6+2 | 7·3+3 | 8·4+8 | 6·8+6 | 7·5+1 | 6·6+9 | 7·6+3 | 4·10+2 | 5·9+5

3·8–6 | 5·5+11 | 7·8–14

5·4–6 | 9·5 | 6·7–12 | 8·7–8 | 7·7–13 | 3·4+2 | 6·9–4

Schriftlich rechnen – minus

1

Projekt-Tag LESEN
Einnahmen 663 €
Ausgaben 425 €
Gewinn

Wie viel Geld bleibt als Gewinn übrig?

Besprecht und erklärt den dargestellten Rechenweg.

1. Schritt

E: 3 minus 5 geht nicht.

	H	Z	E
	6	6	3
–	4	2	5

2. Schritt

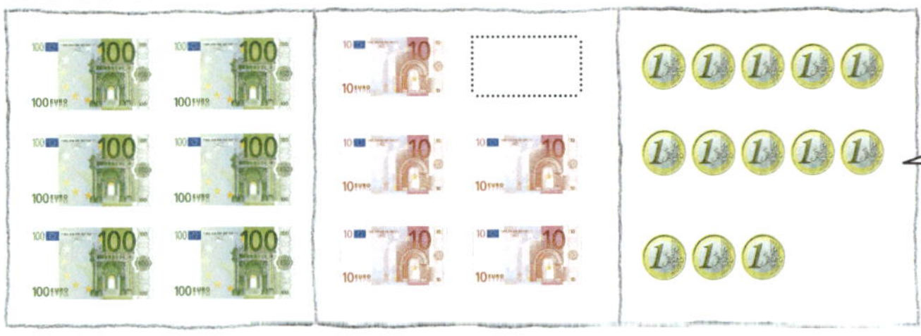

Ich habe 1 Zehner in 10 Einer gewechselt. Jetzt habe ich 13 Einer.

	H	Z	E
		5	
	6	~~6~~	[1]3
–	4	2	5

3. Schritt

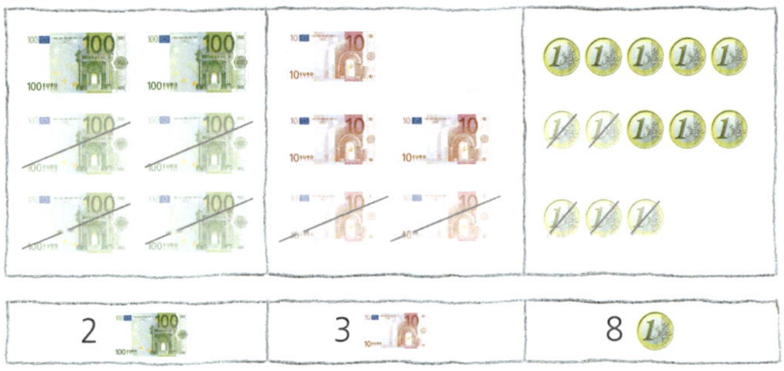

2 | 3 | 8

E: 13 minus 5 gleich 8.
Z: 5 minus 2 gleich 3.
H: 6 minus 4 gleich 2.

	H	Z	E
		5	
	6	~~6~~	[1]3
–	4	2	5
	2	3	8

2

a) 861 – 438
b) 643 – 319
c) 945 – 717
d) 552 – 315
e) 884 – 76
f) 475 – 257
g) 830 – 523
h) 698 – 459
i) 761 – 707
j) 560 – 47
k) 790 – 365
l) 643 – 429

54	214	218
228	237	239
307	324	423
425	513	808

3 Schreibe untereinander. Rechne schriftlich.

a) 391 – 123
680 – 238
483 – 145

b) 690 – 375
594 – 58
372 – 147

c) 973 – 459
443 – 209
390 – 178

d) 731 – 422
294 – 68
853 – 747

106	212	225
226	234	268
309	315	338
442	514	536

4 Bilde Minusaufgaben. Rechne schriftlich.

a) 356 572
b) 463 239
c) 671 436
d) 728 951
e) 237 345

Schriftlich rechnen – minus

1

Wie viel Geld bleibt auf dem Sparbuch?
Es sind ___ Euro.

1. Schritt

E: 5 minus 3 gleich 2.
Z: 4 minus 6 geht nicht.

	H	Z	E
	7	4	5
–	4	6	3
			2

2. Schritt

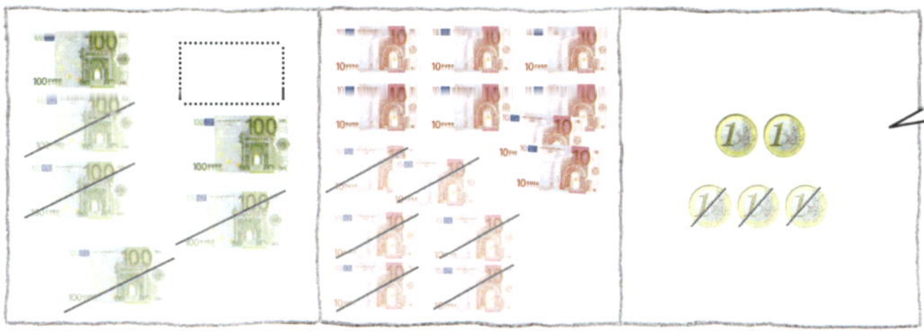

Ich habe einen Hunderter in 10 Zehner gewechselt.

Z: 14 minus 6 gleich 8.
H: 6 minus 4 gleich 2.

	H	Z	E
	6		
	~~7~~	¹4	5
–	4	6	3
	2	8	2

2

a) H Z E
  526
– 293

b) H Z E
  757
– 471

c) H Z E
  945
– 684

d) H Z E
  312
– 62

e) H Z E
  839
– 352

f) H Z E
  468
– 95

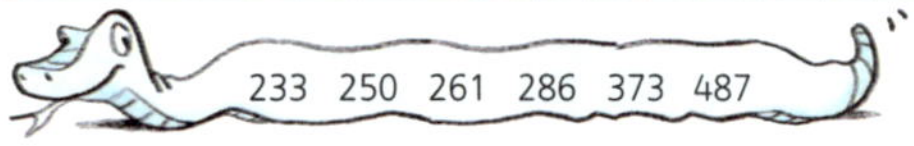

3

	H	Z	E
	7	¹2	
	~~8~~	~~3~~	¹4
–	5	6	9
	2	6	5

4 minus 9 geht nicht;
eins herüber bleibt 2;
14 minus 9 gleich 5;
2 minus 6 geht nicht;
eins herüber bleibt 7;
12 minus 6 gleich 6;
7 minus 5 gleich 2;

	H	Z	E
	7	2	
	~~8~~	~~3~~	4
–	5	6	9
	2	6	5

Wenn du sicher rechnest, schreibst du so:

Wechsle bei den Zehnern und bei den Hundertern.

a) 567
– 489

b) 762
– 745

c) 680
– 583

d) 326
– 178

4 Bilde mit den drei Zahlen die größtmögliche und die kleinstmögliche Zahl. Rechne schriftlich.

a) 7, 5, 2

  752
– 257

b) 2, 8, 4

c) 5, 1, 9

d) 7, 3, 6

e) 8, 5, 7

f) 2, 1, 3

g) 8, 4, 1

Überschlagsrechnung – minus

1 a) Die Familie überschlägt.

Hylia rundet:
670 – 240 = ▢

Vater vereinfacht:
670 – 230 = ▢

Mutter vereinfacht:
680 – 240 = ▢

b) Vergleiche mit dem genauen Ergebnis.

2 Wie lang ist die Reststrecke ungefähr?

Gesamtstrecke	470 km	389 km	551 km
Teilstrecke	92 km	31 km	132 km

a) Runde die Zahlen und überschlage.
b) Vereinfache die Zahlen und überschlage.
c) Rechne nun genau. Wann kommst du dem Ergebnis am nächsten?

3 

Prüfe mit einer Überschlagsrechnung.

a) 216 – 72

216 – 72 = 124
216 – 72 = 164
216 – 72 = 144 (schriftlich: 216 − 72 = 144)

b) 465 – 251

465 – 251 = 204 (schriftlich)
465 – 251 = 214
465 – 251 = 234

c) 342 – 165

342 – 165 = 207
342 – 165 = 157
342 – 165 = 177 (schriftlich)

4 Vergleiche deine Überschlagsrechnung mit der genauen Rechnung.

a) 432 – 65
284 – 53
367 – 49

Ü: 430 – 70 = 360
432
– 65

b) 676 – 144
385 – 239
492 – 275

c) 845 – 173
951 – 484
663 – 578

d) 561 – 318
722 – 453
943 – 687

5 Kannst du durch eine Überschlagsrechnung rasch feststellen, welche Ergebnisse falsch sind?

a) 353 – 85 = 238
b) 247 – 91 = 156
c) 440 – 127 = 213
d) 758 – 389 = 369
e) 593 – 232 = 341
f) 935 – 321 = 604
g) 619 – 451 = 288

6 Ordne die Aufgaben zu.

159 + 109
698 – 184
415 – 150
300 + 459
452 + 69
159 + 199
198 + 461
172 – 28
174 + 188
518 + 145
273 + 198

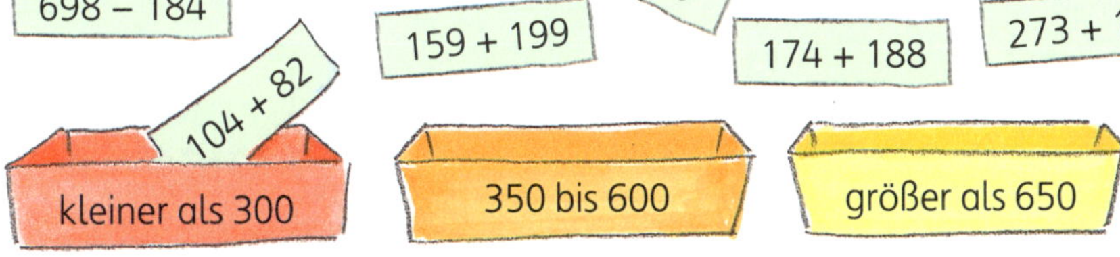

kleiner als 300	350 bis 6
104 + 82	159 + 1

Schriftlich rechnen – minus

1

2 Suche zu jeder Minusaufgabe die passende Umkehraufgabe.

348 − 159 | 642 − 465 | 857 − 648 | 491 − 247 | 912 − 659 | 907 − 491 | 747 − 491 | 856 − 478

416 + | 378 + | 189 + | 253 + | 244 + | 177 + | 209 + | 256 +

3 Start 942 a) Immer − 175 b) Immer − 215 c) Immer − 86 d) Immer − 263

a) 942 − 175 = 767; 767 − 175 = 592; 592 − 175

67 82 82 153

4 Sieben Aufgaben sind falsch gelöst. Prüfe mit einer Überschlagsrechnung. Rechne die falsch gelösten Aufgaben richtig.

a) 729 − 371 = 358	b) 916 − 418 = 508	c) 653 − 87 = 740	d) 726 − 472 = 244	e) 942 − 35 = 907	f) 867 − 261 = 506
g) 751 − 292 = 459	h) 771 − 386 = 404	i) 481 − 287 = 104	j) 982 − 174 = 518	k) 534 − 369 = 165	l) 319 − 729 geht nicht

5 Findest du die fehlenden Ziffern?

a) □93 − 262 = 531	b) □□3 − 152 = 741	c) □□□ − 534 = 213	d) 974 − □43 = 731	e) 656 − □□5 = 111	f) 787 − □□□ = 250
g) 76□ − 543 = 218	h) 9□□ − 495 = 493	i) □□□ − 541 = 271	j) 455 − 29□ = 157	k) 734 − □□□ = 658	l) 436 − □□□ = 147

1

Bei der Tombola der Grundschule Schönau wurden 504 Euro eingenommen. Davon wurden Pausenspiele für 379 Euro angeschafft.

Wie viel Geld bleibt übrig?

Besprecht und erklärt den dargestellten Rechenweg.

1. Schritt

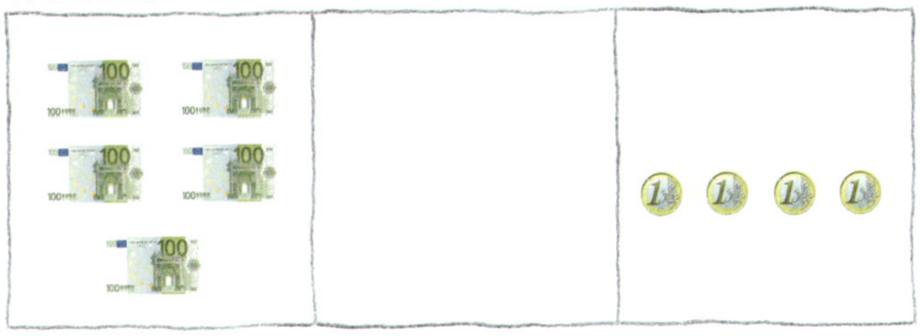

E: 4 minus 9 geht nicht.

	H	Z	E
	5	0	4
–	3	7	9

2. Schritt

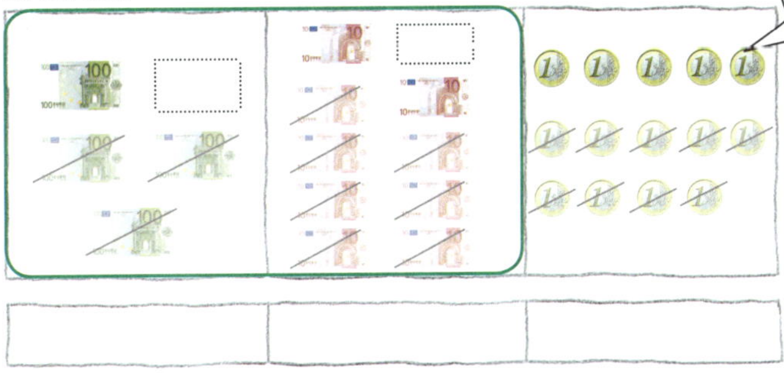

Ich habe 1 Hunderter in 10 Zehner gewechselt und 1 Zehner in 10 Einer.

E: 14 minus 9 gleich 5.
Z: 9 minus 7 gleich 2.
H: 4 minus 3 gleich 1.

	H	Z	E
	4	9	
	~~5~~	~~0~~	14
–	3	7	9
	1	2	5

2

a) 802 – 376 b) 604 – 257 c) 901 – 568 d) 703 – 445 e) 506 – 189 f) 405 – 296 g) 807 – 269

3

	8	9	
	~~9~~	~~0~~	10
–	5	4	6
	3	5	4

0 minus 6 geht nicht; eins herüber bleibt 89; 10 minus 6 gleich 4; 9 minus 4 gleich 5; 8 minus 5 gleich 3;

	8	9	
	~~9~~	~~0~~	0
–	5	4	6
	3	5	4

Wenn du sicher rechnest, schreibst du so:

a) 900 – 217 800 – 227 700 – 237

b) 700 – 546 500 – 173 900 – 651

4

a) 386 701 b) 504 369 c) 289 600 d) 361 800 e) 129 302

f) 174 980 g) 555 900 h) 901 607 i) 287 400 j) 87 806

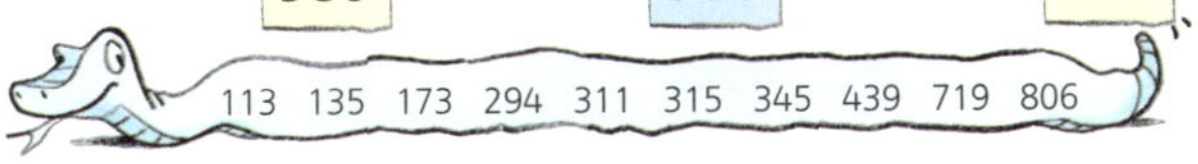

Worauf musst du achten?

a) 701 – 386

Schriftlich rechnen – minus

0 1 2 3 4 5 6 7 8 9

1 a) Nimm sechs verschiedene Ziffernkarten.
Lege mit ihnen zwei dreistellige Zahlen.
Schreibe die Minusaufgaben im Heft.

	6	2	5
–	4	1	3

b) Erfinde weitere Aufgaben.

„Wie viele verschiedene Aufgaben hast du gefunden?"

2 Lege Minusaufgaben mit sechs verschiedenen Ziffernkarten.

a) Das Ergebnis soll möglichst groß sein.

b) Das Ergebnis soll möglichst klein sein.

3 Lege wieder Minusaufgaben mit sechs verschiedenen Ziffernkarten.

a) Das Ergebnis soll kleiner als 99 sein.

b) Das Ergebnis soll zwischen 200 und 300 liegen.

c) Das Ergebnis soll genau 666 sein.

d) Das Ergebnis soll genau 5 sein.

Zu welchen Aufgaben findest du mehrere Möglichkeiten?

4 Rechne im Heft.

a) 674 – 23 | 674 – 134 | 674 – 245 | 674 – 356 | □□□ – □□□

„Wie geht es weiter?"

b) 978 – 786 | 867 – 675 | 756 – 564 | 645 – 453 | 534 – 342 | 4□□ – □□□ | –

c) 597 – 233 | 577 – 213 | 557 – 193 | 537 – 173 | 517 – 153 | 4□□ – □□□ | –

d) 879 – 797 | 768 – 686 | 657 – 575 | 546 – 464 | 435 – 353 | 3□□ – □□□ | –

5 

A „In der Klasse 3 a ist Ali das größte Kind und Lisa das kleinste. Tim ist größer als Lisa und größer als Ali."

B „Ich bin das kleinste Mädchen, aber nicht das kleinste Kind in der Klasse."

C „Ein Kind braucht für den Schulweg 20 Minuten. Zwei Kinder brauchen für den gleichen Weg 40 Minuten."

D „Die Länge eines halben Tages misst man mit dem Maßband."

E „Katja strickt einen 2 m langen Schal. Der Wollfaden, der dafür gebraucht wird, ist auch 2 m lang."

F „Das halb volle Glas enthält genauso viel Wasser wie das halb leere Glas."

G „Tilo wechselt einen Schein in drei kleinere Scheine. Jetzt hat er mehr Geld als vorher."

H „Das Gewicht eines Würstchens kann man nicht mit einem Lineal messen."

1 bis 3 Kopiervorlage.
3 Zu jeder Teilaufgabe gibt es mehrere Lösungen.

Schriftlich rechnen – minus

1

405 – 397

Im Kopf
oder schriftlich?

2 Überlege immer zuerst, ob du im Kopf oder schriftlich rechnen willst.

a) 406 – 399
b) 505 – 278
c) 782 – 752
d) 901 – 537
e) 802 – 782

a) 399 + 7 = 406
b) 505
– 278

f) 846 – 378
g) 302 – 299
h) 573 – 523
i) 706 – 389
j) 602 – 247

k) 957 – 130
l) 424 – 178
m) 606 – 595
n) 388 – 148
o) 503 – 495

p) 1003 – 997
q) 1027 – 987
r) 1036 – 758
s) 1205 – 602
t) 1120 – 920

3 6 7 8 11 20 30 40 50 200 227 240 246 278 317 355 364 468 603 827

3 Subtrahiere schriftlich oder im Kopf.

a) 547 – 99 (547 – 100 + 1)
547 – 199
547 – 299
547 – 388

b) 634 – 198
634 – 457
634 – 99

c) 465 – 399
465 – 286
465 – 198
465 – 99

d) 856 – 568
673 – 298
527 – 99
752 – 199

e) 1016 – 99
1200 – 198
1546 – 387
2000 – 299

66 159 177 179 248 267 288 348 366 375 428 436 448 535 553 917 1002 1159 1701

4 Sind diese Ergebnisse richtig?

a) 546 – 99 = 447
b) 546 – 187 = 369
c) 546 – 230 = 316
d) 546 – 499 = 45
e) 546 – 368 = 178
Emma

a) 546 – 100 + 1 = 447
447 ist richtig.
b) 546
– 187

f) 472 – 99 = 473
g) 783 – 230 = 553
h) 366 – 187 = 179
i) 832 – 375 = 467
j) 506 – 499 = 117
Nick

W

5 Welche Rechengeschichten passen?

a) 20 € – ___ = 5 €

b) 20 € : 5 = ___ €

A Oma verteilt 20 Euro an ihre 5 Enkel.

B Oma bezahlt mit einem 20-€-Schein. Sie erhält 5 € zurück.

C Oma kauft ein Buch für 20 € und Papier für 5 €.

D Opa kauft jedem seiner 5 Enkel ein großes Eis. Er bezahlt 20 €.

E Opa geht mit 20 € einkaufen. Er bringt 5 € zurück.

F Opa hat fünf Enkelkinder. Er schenkt jedem 20 €.

6

a) 625 | 10 | 20

b) 413 | 20 | 50

c) 565 | 40 | 70

d) 408 | ; 328 | | 10

e) | 120 ; 795 | 70 |

4 Fünf Aufgaben sind richtig gelöst. 5 Frage, Rechnung, Antwort notieren.

Schriftlich rechnen mit Kommazahlen – minus

1

Wie viel Geld bekommt Carolin zurück?

Besprecht den dargestellten Rechenweg. Legt mit Rechengeld nach.

1. Schritt

0 minus 8 geht nicht.

10 €	1 €	10 ct	1 ct
2	0,	0	0
– 1	2,	4	8

2. Schritt

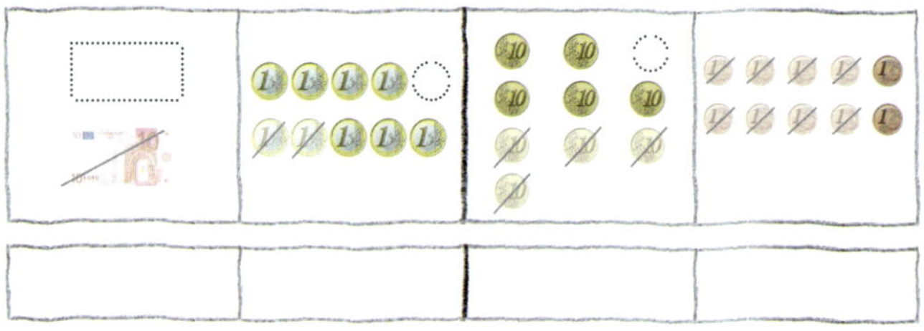

10 minus 8 gleich 2.
9 minus 4 gleich 5.
9 minus 2 gleich 7.
1 minus 1 gleich 0.

10 €	1 €	10 ct	1 ct
1	9	9	
~~2~~	~~0~~,	~~0~~	10
– 1	2,	4	8
	7,	5	2

2

a) 10,00 € – 6,75 €
b) 50,00 € – 36,42 €
c) 80,00 € – 67,31 €
d) 20,00 € – 9,12 €
e) 40,00 € – 28,64 €
f) 70,00 € – 54,93 €
g) 90,00 € – 71,84 €
h) 10,00 € – 2,57 €
i) 50,00 € – 14,63 €
j) 20,00 € – 5,26 €

3 Prüfe mit einer Überschlagsrechnung.

a) 234,29 € – 186,10 €
b) 432,70 € – 181,42 €
c) 915,80 € – 666,66 €
d) 725,90 € – 431,59 €

a) Ü: 230 € – 190 € = 40 €

  1 2
  2 3 4, 2 9 €
– 1 8 6, 1 0 €
  4 8, 1 9 €

4

gegeben	105 €	310 €	550 €	200 €	400 €	600 €
Preis	53,52 €	204,85 €	348,52 €	€	€	€
zurück	€	€	€	74,83 €	12,40 €	82,51 €

5 Wie viel haben die Kinder jeweils bezahlt? Wie viel Wechselgeld bekommen sie zurück?

a)

b)

c)

d)

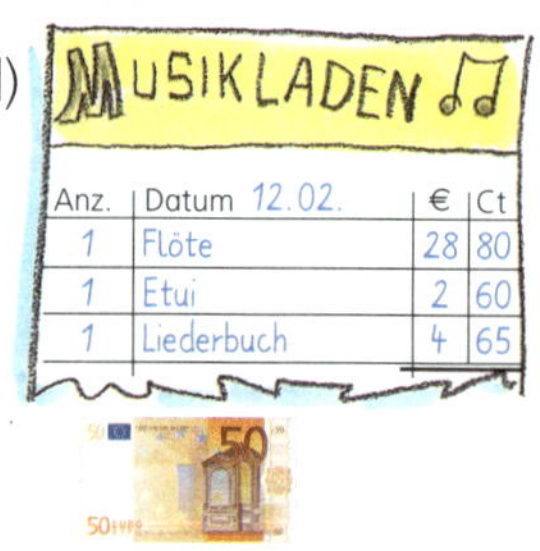

W

6 a)

b)

1

① Bilde aus den drei Ziffern die größte Zahl.

② Ziehe ihre Spiegelzahl ab. Bilde aus den Ziffern des Ergebnisses wieder die größte Zahl.

③ Ziehe ihre Spiegelzahl ab. Bilde aus den Ziffern des Ergebnisses wieder die größte Zahl.

④ Ziehe ihre Spiegelzahl ab.

Wie viele verschiedene Wagen gibt es?

a)

b)

c)

d)

2

a) 635 − 340
385 − 69
536 − 378
464 − 176
727 − 598

b) 97 + 315
422 + 477
208 + 553
819 + 164
683 + 248

c) 292 + 366
902 + 88
773 + 195
564 + 257
333 + 489

d) 777 − 388
586 − 207
868 − 59
655 − 436
924 − 568

Welche Aufgaben rechnest du schneller im Kopf?

3 Ordne die Ergebnisse nach der Größe. Wie heißt das Lösungswort?

285 + 380 e | 98 + 556 c | 490 + 88 + 91 e | 169 + 259 + 225 e

199 + 489 c | 488 + 178 n | 352 + 347 r | 489 + 170 h | 356 + 295 R

506 + 175 s | 329 + 354 t | 188 + 255 + 227 i | 396 + 98 + 173 m

4 Ergänze zu Zauberquadraten. Du erhältst in allen Richtungen dasselbe Ergebnis.

a)

188		194
	197	
		206

b)

293	321	301
313	305	

c)

175	245	
	205	
	165	

d)

333		253
313	213	353

e)

327		
232		
131	426	

f)

		128
127	125	
122		

g)

		228
	230	226
232		236

1 Wie weit ist es in Würzburg ungefähr
a) von der Ludwigsbrücke zur Friedensbrücke?
b) von der Friedensbrücke zur alten Mainbrücke?
c) vom Main zur Festung Marienberg?

Vergleicht und besprecht eure Ergebnisse.

1000 Meter = 1 Kilometer
1000 m = 1 km

2 Wie viele dieser Längen ergeben jeweils 1 km?

a)

b)

c)

3

Wie viele Schritte braucht ihr?
a) für 50 m
b) für 100 m
c) für 500 m
d) für 1000 m

Wie weit kommt ihr?
a) mit 100 Schritten
b) mit 200 Schritten
c) mit 1000 Schritten

Stellt mit der Uhr fest: Wie lange braucht ihr, um 1 km zu gehen? Überschlagt, wie viele Kilometer ihr in einer Stunde schafft.

Geht von der Schule aus 1 km. Tragt den erreichten Punkt im Ortsplan ein.

Stellt bei eurem Ort fest.
a) Welche wichtigen Gebäude sind ungefähr 1 km von der Schule entfernt?
a) Welche wichtigen Gebäude sind weniger als 1 km von der Schule entfernt?

Sucht Wanderziele bei eurem Wohnort. Wie viele Kilometer sind sie entfernt? Wie lange muss man bis dorthin gehen?

Sucht in der Umgebung der Schule ein gerades Stück Weg von 1 km Länge. Zeichnet alle 100 m eine Markierung.

Sucht Wege in eurem Ort, die $\frac{1}{2}$ km (500 m) lang sind. Tragt im Ortsplan ein.

Weltrekord im 1000-m-Lauf: 2 min 12 s

Lösungstipp
Um eine Gesamtstrecke zu berechnen, musst du die Teilstrecken zusammenzählen.

1

2 Wähle aus der Karte Strecken aus und berechne die Entfernung.

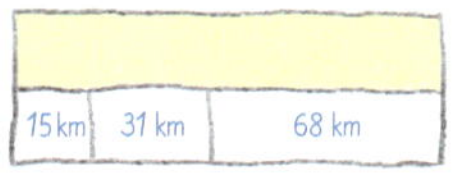

3 Fahraufträge der Spedition Handhammer in Regensburg für Mittwoch.

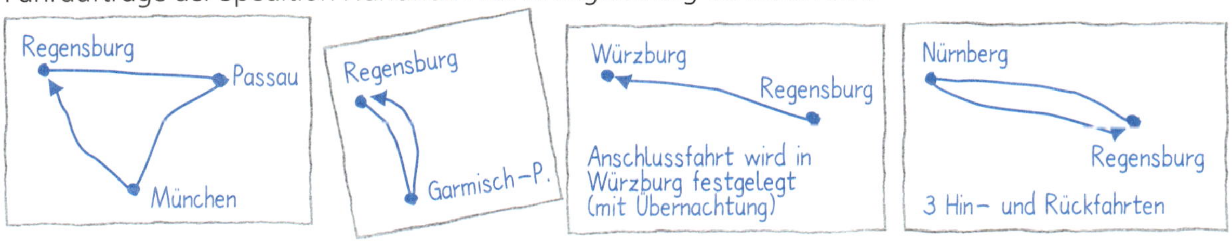

a) Berechne für jeden Fahrauftrag die Gesamtstrecke.

b) Verteile die Fahraufträge an die Fahrer. Lies zunächst ihre Wünsche und versuche, sie zu erfüllen.
Fahrer Sendler sagt: „Ich möchte auf alle Fälle am Abend wieder in Regensburg sein."
Fahrerin Erler meint: „Ich möchte heute nicht mehr als 400 km fahren, sollte aber auf alle Fälle auch nach München kommen."
Fahrer Anders stellt fest: „Ich fahr immer gern die gleiche Strecke."
Fahrer Hofer erklärt: „Ich übernachte auch mal gerne unterwegs."

Denk dir andere Fahraufträge aus.

4

Meter und Zentimeter

1 Informiert euch, wie hoch andere Dinge, Gebäude oder Lebewesen sind.
Stellt eure Ergebnisse den anderen Kindern vor.

2 Bildet kleine Gruppen.
Schneidet von einer Paketschnur Stücke ab, die den Sprunghöhen, Höhen der Pflanzen oder anderen gemessenen Höhen entsprechen.

> 1 m = 100 cm
> $\frac{1}{2}$ m = 50 cm

3 Rechne um in Zentimeter.

a)	b)	c)	d)	e)
5 m	8 m	1 m 30 cm	2 m 5 cm	$\frac{1}{2}$ m
2 m	6 m	1 m 90 cm	5 m 5 cm	$2\frac{1}{2}$ m
9 m	10 m	1 m 25 cm	1 m 9 cm	$5\frac{1}{2}$ m

4 Rechne um in Meter.

a)	b)	c)
100 cm	500 cm	150 cm
200 cm	700 cm	350 cm
600 cm	400 cm	50 cm
300 cm	900 cm	950 cm

5 Schreibe als Meter und Zentimeter.

a)	b)	c)
120 cm	285 cm	319 cm
180 cm	385 cm	310 cm
195 cm	598 cm	305 cm
199 cm	209 cm	301 cm

6 Welche Karten gehören zusammen?

7 m | 909 cm | 9 m 99 cm | 9 m 9 cm | 999 cm | 700 cm | 990 cm | 9 m | 9 m 90 cm | 7 m 5 cm | 900 cm | 7 m 30 cm | 750 cm | 7 m 50 cm | 99 cm | 730 cm | 705 cm

7 m = 7 0 0 cm

1

Erzähle.

2 Zeichne eine Tabelle und trage ein.

2 m 10 cm

5 m 5 cm

14 m 50 cm

3 m 99 cm

12 m 20 cm

4 m 10 cm

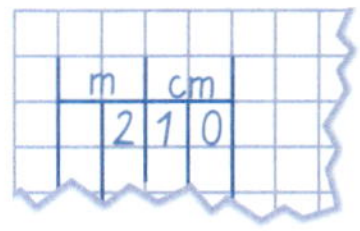

2,25 m = 2 m 25 cm

Ich sage: zwei Meter fünfundzwanzig

Ich sage: zwei Komma zwei fünf Meter.

3

	m		cm	
a)	1	1	5	0
b)		9	1	2
c)		8	0	9
d)		4	2	5
e)	1	2	1	0
f)		1	9	0

Schreibe die Längenangaben aus der Tabelle mit Komma.

Wie bei Euro und Cent!

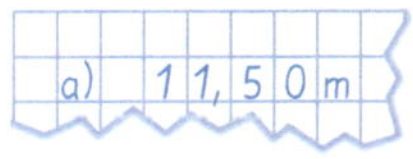

4

Kann ich auch 12 cm mit Komma aufschreiben?

Wie schreibe ich 1 m 1 cm?

Und wie ist das mit 4 cm?

Wie schreibe ich 5 m mit Komma?

Mich interessiert, wie ich 100 cm aufschreiben kann.

5 Schreibe als m und cm. Zeichne die Strecken auf dem Schulhof.

a)	b)	c)	d)	e)	f)
0,50 m	0,75 m	0,95 m	10,00 m	5,35 m	12,05 m
1,90 m	0,50 m	1,95 m	11,50 m	6,05 m	14,35 m
1,00 m	1,35 m	2,95 m	12,00 m	7,60 m	10,05 m
3,00 m	2,35 m	0,05 m	12,25 m	7,75 m	21,55 m

½ m = 50 cm

6 Schreibe mit Komma.

a)	b)	c)	d)	e)
$\frac{1}{2}$ m	2 m 50 cm	5 m 3 cm	11 m	$1\frac{1}{2}$ m
$5\frac{1}{2}$ m	1 m 70 cm	6 m 8 cm	5 m 45 cm	$10\frac{1}{2}$ m
6 m	3 m 85 cm	17 m 4 cm	40 cm	$20\frac{1}{2}$ m
$6\frac{1}{2}$ m	10 m 93 cm	25 m 2 cm	8 m 8 cm	$24\frac{1}{2}$ m
$9\frac{1}{2}$ m	17 m 64 cm	43 m 7 cm	12 m 12 cm	100 m

7 Kann das stimmen?

Das Buch ist 30 cm hoch.

Ein Heft kostet 80 m.

100 m sind 1 km.

1 m 3 cm sind 103 cm.

8 m 5 cm sind 8,05 m.

Ein Buch kostet 6 m.

1000 m sind 1 km.

100 cm sind 1 €.

Millimeter

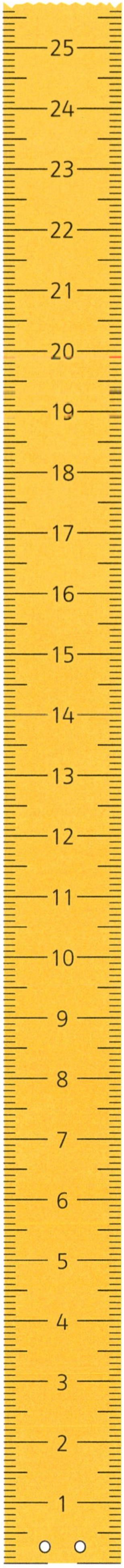

1

Schuhgröße feststellen

Stelle dich auf ein Blatt Papier. Dein Nachbar zeichnet den Umriss deines Fußes möglichst genau nach.
Miss dann die Länge von der Ferse bis zur großen Zehe.

2

Schuhgröße	Fußlänge in cm und mm	Schuhgröße	Fußlänge in cm und mm
27	16 cm 7 mm	34	21 cm 3 mm
28	17 cm 4 mm	35	22 cm
29	18 cm	36	22 cm 7 mm
30	18 cm 7 mm	37	23 cm 3 mm
31	19 cm 3 mm	38	24 cm
32	20 cm	39	24 cm 7 mm
33	20 cm 7 mm	40	25 cm 3 mm

Messt eure Fußlänge.
Bestimmt dann eure Schuhgröße.
Vergleicht mit euren Schuhen.
Schreibt eine Liste für eure Gruppe.

Wenn du zwischen zwei Größen bist, wähle die größere Schuhgröße.

3 Messt die Fußlängen von anderen Personen.
Erfragt ihre Schuhgrößen.
Erweitert dann die Schuhgrößenliste.

4 Rechne um in cm und mm. Zeichne die Strecken im Heft.

a) 18 mm
80 mm
8 mm

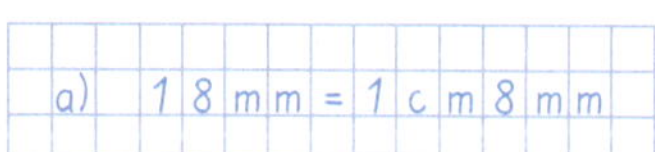

b) 100 mm
50 mm
25 mm

c) 120 mm
12 mm
42 mm

5 Rechne um in mm. Zeichne ins Heft, wenn der Platz reicht.

a) 2 cm
4 cm
8 cm
7 cm
9 cm

b) 15 cm
22 cm
58 cm
73 cm
98 cm

c) 5 cm 3 mm
8 cm 7 mm
9 cm 8 mm
7 cm 6 mm
4 cm 1 mm

d) 15 cm 8 mm
27 cm 9 mm
41 cm 1 mm
105 cm 5 mm
260 cm 4 mm

Messen, zeichnen und rechnen mit Längen

1

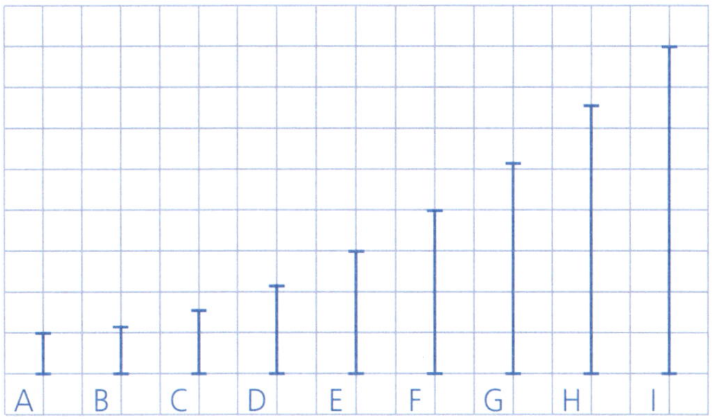

- Miss die Strecken und zeichne sie in dein Heft.
- Erkennst du die Regel?
- Wie lang ist die 10. Strecke?
- Setze fort.

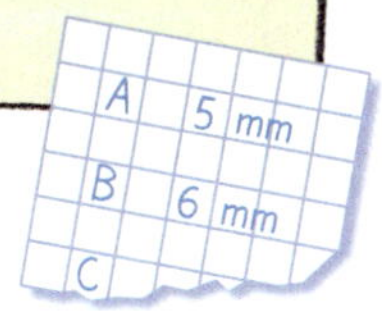

2 Ordne nach der Länge. Beginne mit der größten Länge. Wie heißt das Lösungswort?

80 mm I | 100 mm E | 10 cm + 2 cm Z | 45 mm + 45 mm N | 3 cm + 3 cm M | 6 cm + 25 mm T | 4 cm R | 20 mm + 35 mm E | 25 mm + 25 mm E | 52 mm T

3 Miss die Strecken. Schreibe Plusaufgaben dazu.

a)

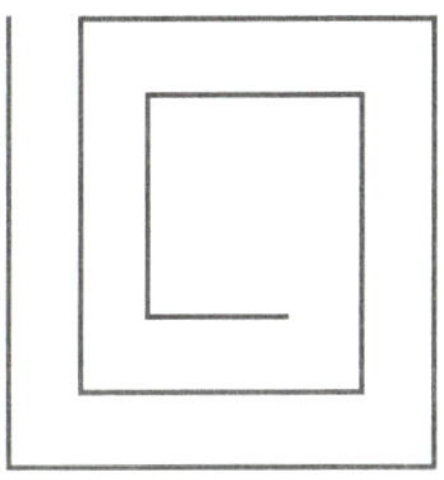

b)

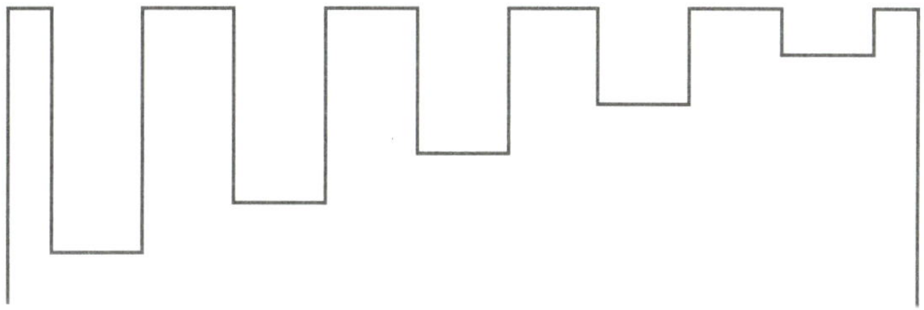

4 Ergänze.

a) 5 m	b) 10 m	c) 20 m	d) 500 m	e) 1 km	f) 5 cm
4,50 m	9,50 m	15,00 m	250 m	500 m	10 mm
4,75 m	9,70 m	15,50 m	225 m	550 m	15 mm
3,50 m	9,85 m	17,50 m	125 m	450 m	19 mm
3,25 m	8,85m	19,75 m	350 m	225 m	3 cm 8 mm
2,50 m	6,85 m	10,75 m	175 m	218 m	2 cm 5 mm
		9,75 m	75 m	436 m	1 cm 2 mm
		4,50 m	25 m	486 m	4 cm 5 mm

a) 4,50 m + 0,50 m = 5 m

5 Was passt zusammen? Ordne zu und schreibe auf.

Länge der Marathonstrecke | Länge eines Autos | Länge eines Radiergummis | Dicke einer Euromünze

4 m | 1 m | 42 km | $2\frac{1}{2}$ cm | 2 mm | 100 m | 4 cm | 10 cm

Länge eines Klebestiftes | Breite einer Tür | Länge eines Spitzers | Länge eines Fußballplatzes

1 Schreibe alle Listen ins Heft und rechne.

0 · 3 = 0
1 · 3 = 3
2 · 3 = 6
3 · 3 = 9
4 · 3 = __
5 · 3 = 15
6 · 3 = __
7 · 3 = __
8 · 3 = __
9 · 3 = __
10 · 3 = 30

2 · 3 + 2 · 3 =

10 · 3 − 1 · 3 =

5 · 3 + 3 · 3 =

5 · 3 + 1 · 3 =

5 · 3 + 2 · 3 =

2 Wie oft? (Starke Päckchen)

a) __ · 3 = 6
__ · 3 = 12
__ · 3 = 24

b) __ · 3 = 3
__ · 3 = 9
__ · 3 = 18

c) __ · 3 = 15
__ · 3 = 18
__ · 3 = 21

d) __ · 3 = 30
__ · 3 = 27
__ · 3 = 24

0 · 6 = __
1 · 6 = 6
2 · 6 = 12
3 · 6 = __
4 · 6 = __
5 · 6 = 30
6 · 6 = 36
7 · 6 = __
8 · 6 = __
9 · 6 = __
10 · 6 = 60

3 (Starke Päckchen)

a) 2 · 3
2 · 6

b) 8 · 3
8 · 6

c) 5 · 3
5 · 6

d) 7 · 3
7 · 6

e) 9 · 3
9 · 6

f) 3 · 3
3 · 6

g) 4 · 3
4 · 6

h) 10 · 3
10 · 6

4 a) 2 · 6 = __ · 3
4 · 6 = __ · 3

b) 5 · 6 = __ · 3
1 · 6 = __ · 3

c) 3 · 6 = __ · 3
6 · 6 = __ · 3

5 Setze fort.

a) 6 | 12 | 18

b) 60 | 54 | 48

0 · 9 = __
1 · 9 = 9
2 · 9 = 18
3 · 9 = __
4 · 9 = __
5 · 9 = 45
6 · 9 = __
7 · 9 = __
8 · 9 = __
9 · 9 = __
10 · 9 = 90

6 a) 3 · 9

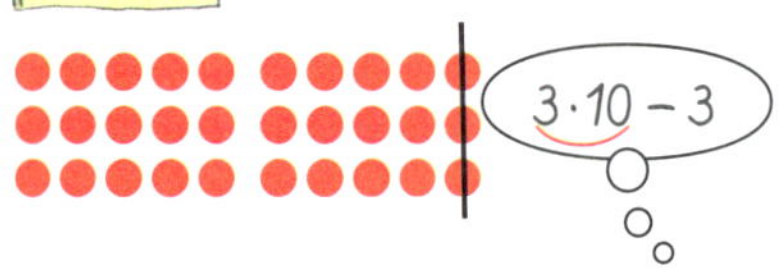

b) 5 · 9

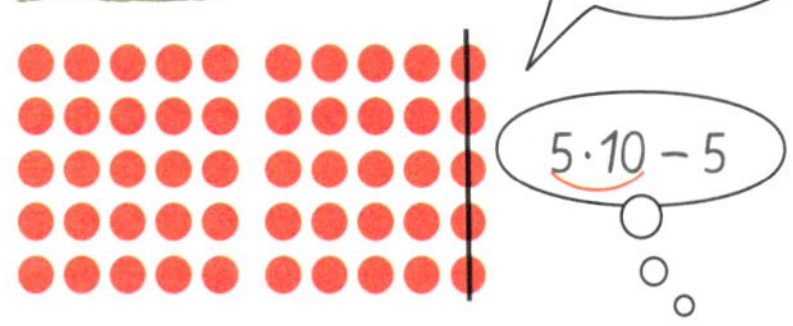

7 a) 1 · 9 = 10 − __
2 · 9 = 20 − __
4 · 9 = 40 − __

b) 10 · 9 = 100 − __
9 · 9 = 90 − __
8 · 9 = 80 − __

8 Setze fort.

a) 9 | 18 | 27

b) 90 | 81 | 72

9 Kann das stimmen?

a) 0 mal 5 ist 5.

b) 30 ist eine Fünferzahl, eine Zehnerzahl und eine Sechserzahl.

c) 24 ist eine Dreierzahl, Sechserzahl und eine Neunerzahl.

d) 40 ist eine Viererzahl, eine Fünferzahl und eine Achterzahl.

10 (starke Päckchen)

a) ☐ · 4 = 8
☐ · 4 = 4

b) ☐ · 4 = 16
☐ · 4 = 32

c) ☐ · 4 = 24
☐ · 4 = 12

d) ☐ · 4 = 36
☐ · 4 = 0

e) ☐ · 4 = 40
☐ · 4 = 20

f) ☐ · 4 = 28
☐ · 4 = 44

11

a) 2 · 4 = ☐ · 2
5 · 4 = ☐ · 2

b) 3 · 4 = ☐ · 2
1 · 4 = ☐ · 2

c) 4 · 4 = ☐ · 2
6 · 4 = ☐ · 2

12 Setze fort.

a) 4 | 8 | 12 | …

b) 40 | 36 | 32 | …

0 · 4 = ☐
1 · 4 = 4
2 · 4 = 8
3 · 4 = ☐
4 · 4 = 16
5 · 4 = 20
6 · 4 = ☐
7 · 4 = ☐
8 · 4 = ☐
9 · 4 = ☐
10 · 4 = 40

13 (starke Päckchen)

a) 1 · 2
1 · 4
1 · 8

b) 3 · 2
3 · 4
3 · 8

c) 5 · 2
5 · 4
5 · 8

d) 2 · 2
2 · 4
2 · 8

e) 0 · 2
0 · 4
0 · 8

f) 6 · 2
6 · 4
6 · 8

g) 9 · 2
9 · 4
9 · 8

h) 8 · 2
8 · 4
8 · 8

14

a) 1 · 8 = ☐ · 4
2 · 8 = ☐ · 4

b) 5 · 8 = ☐ · 4
0 · 8 = ☐ · 4

c) 3 · 8 = ☐ · 4
4 · 8 = ☐ · 4

15 Setze fort.

a) 8 | 16 | 24 | …

b) 80 | 72 | 64 | …

0 · 8 = ☐
1 · 8 = 8
2 · 8 = 16
3 · 8 = ☐
4 · 8 = ☐
5 · 8 = 40
6 · 8 = ☐
7 · 8 = ☐
8 · 8 = 64
9 · 8 = ☐
10 · 8 = 80

16

a) 4 · 7 = 7 · ☐
2 · 7 = 7 · ☐
8 · 7 = 7 · ☐

b) 5 · 7 = 7 · ☐
10 · 7 = 7 · ☐
9 · 7 = 7 · ☐

c) 3 · 7 = 7 · ☐
6 · 7 = 7 · ☐
0 · 7 = 7 · ☐

17 (starke Päckchen)

a) ☐ · 7 = 21
☐ · 7 = 42

b) ☐ · 7 = 14
☐ · 7 = 28

c) ☐ · 7 = 0
☐ · 7 = 7

d) ☐ · 7 = 35
☐ · 7 = 70

e) ☐ · 7 = 56
☐ · 7 = 63

f) ☐ · 7 = 49
☐ · 7 = 77

0 · 7 = ☐
1 · 7 = 7
2 · 7 = 14
3 · 7 = ☐
4 · 7 = ☐
5 · 7 = 35
6 · 7 = ☐
7 · 7 = 49
8 · 7 = ☐
9 · 7 = ☐
10 · 7 = 70

e) 100, 50 und 25 sind Quadratzahlen.

f) Alle Achterzahlen sind Viererzahlen und Zweierzahlen.

g) 18 ist eine Zweierzahl, Dreierzahl und Viererzahl.

h) 42 ist eine Sechserzahl, Siebenerzahl und Achterzahl.

Einmaleins üben

1 Zu welchem Ergebnis findest du die meisten Malaufgaben?

a) 45 36 18 54 7

b) 12 15 21 9 30

c) 72 64 24 56 16

2 < > =

a) 6 · 7 ◯ 8 · 6
3 · 9 ◯ 4 · 8
7 · 5 ◯ 9 · 4

b) 5 · 7 ◯ 9 · 4
8 · 7 ◯ 9 · 6
5 · 9 ◯ 8 · 4

c) 5 · 4 ◯ 3 · 6
6 · 8 ◯ 7 · 7
3 · 8 ◯ 2 · 9

d) 8 · 5 ◯ 7 · 6
8 · 8 ◯ 9 · 7
9 · 8 ◯ 10 · 7

e) 7 · 4 ◯ 10 · 3
3 · 4 ◯ 2 · 6
8 · 4 ◯ 5 · 6

f) 2 · 9 ◯ 5 · 4
3 · 3 ◯ 2 · 4
4 · 4 ◯ 5 · 3

g) 7 · 3 ◯ 6 · 4
6 · 6 ◯ 9 · 4
10 · 4 ◯ 9 · 5

h) 9 · 3 ◯ 8 · 4
7 · 8 ◯ 6 · 9
2 · 8 ◯ 3 · 7

3 Schreibe Malaufgaben ins Heft.

a)

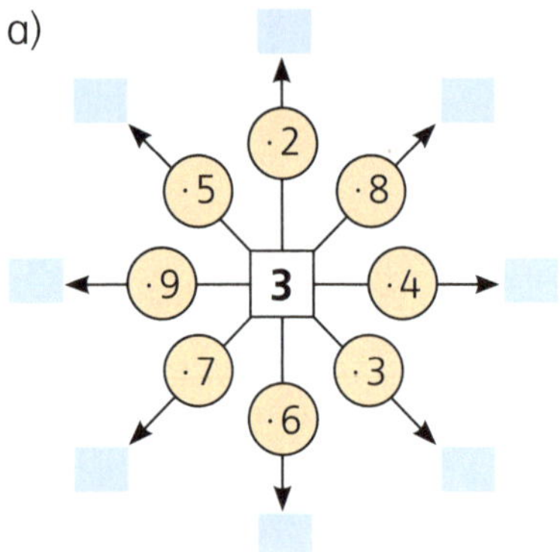

b)

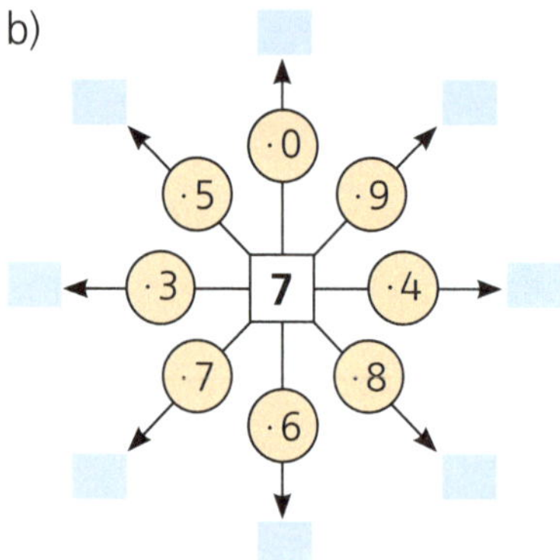

c)

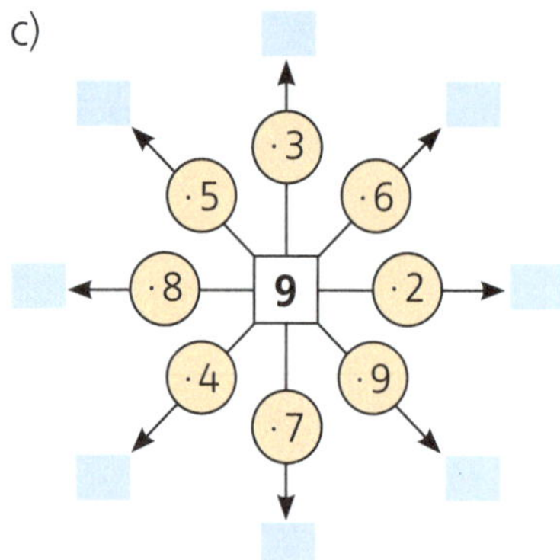

4

a) __ · 6 = 18
__ · 6 = 24
__ · 6 = 30

b) __ · 6 = 60
__ · 6 = 54
__ · 6 = 48

c) __ · 9 = 9
__ · 9 = 18
__ · 9 = 27

d) __ · 9 = 63
__ · 9 = 72
__ · 9 = 81

e) 7 · __ = 35
7 · __ = 42
7 · __ = 49

f) 8 · __ = 64
8 · __ = 56
8 · __ = 48

g) 3 · __ = 24
3 · __ = 21
3 · __ = 18

h) 4 · __ = 24
4 · __ = 28
4 · __ = 32

5

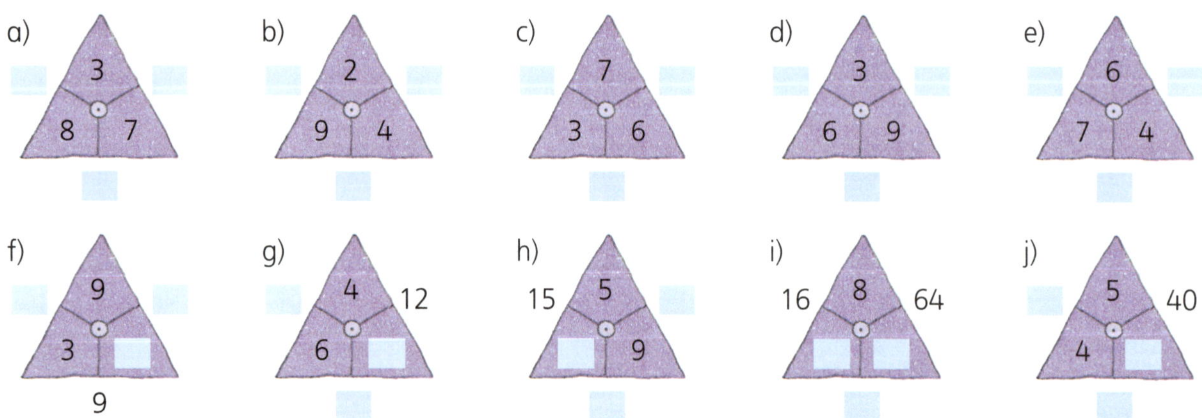

Teilen – Umkehraufgaben zum Einmaleins

1 Für wie viele Tage reichen die Äpfel?

a) b) c)

2 Rechne zur Probe die Umkehraufgabe.

... denn 4 · 3 = 12

a)	b)	c)	d)	e)
12 : 3	16 : 4	24 : 8	14 : 7	25 : 5
18 : 3	32 : 4	48 : 6	9 : 1	45 : 9
27 : 3	36 : 4	16 : 2	50 : 5	36 : 9
21 : 3	24 : 4	32 : 8	0 : 6	54 : 6
15 : 3	0 : 4	35 : 7	64 : 8	49 : 7
3 : 3	20 : 4	42 : 6	56 : 7	72 : 8

3

a)	b)	c)	d)
12 : 1	24 : 1	36 : 1	48 : 1
12 : 2	24 : 2	36 : 2	48 : 2
12 : 3	24 : 3	36 : 3	48 : 3
12 : 4	24 : 4	36 : 4	48 : 4
12 : 6	24 : 6	36 :	48 : 6
12 :	24 :	36 :	48 :

4 Der Clown isst jeden Tag gleich viele Kekse.

a)

b)

c)

d)

e)

f)

4 f) Mit Rest.

Teilen mit Rest

16 : 3 = 5 Rest ☐

1 Opa will gerecht verteilen.

2 Verteile immer an drei Kinder.

A  B  C  D  E 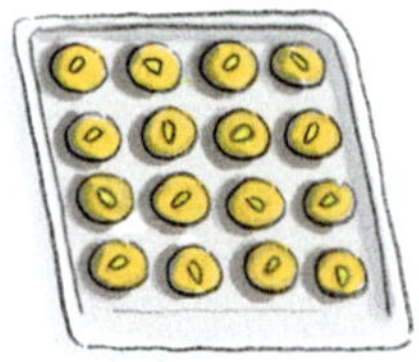

3 Setze fort. Erkläre.

a)	b)	c)	d)	e)
18 : 3	20 : 4	30 : 5	10 : 2	20 : 2
19 : 3	21 : 4	31 : 5	10 : 3	20 : 3
20 : 3	22 : 4	32 : 5	10 : 4	20 : 4
21 : 3	23 : 4	33 : 5	10 : 5	
22 : 3	24 : 4	34 : 5		
23 : 3	25 : 4			

4 Mit und ohne Rest.

a)	b)	c)	d)	e)
28 : 7	36 : 5	28 : 3	50 : 10	48 : 5
30 : 7	36 : 6	28 : 4	50 : 9	48 : 6
40 : 7	36 : 7	28 : 5	50 : 8	48 : 7

5

a)	b)	c)	d)	e)
50 : 7	36 : 5	28 : 3	50 : 7	48 : 8
60 : 7	36 : 9	28 : 7	50 : 6	48 : 9
70 : 7	36 : 10	28 : 8	50 : 5	48 : 10
71 : 7	37 : 10	29 : 6	52 : 7	49 : 5
72 : 7	38 : 10	29 : 7	52 : 6	49 : 6
73 : 7	39 : 10	29 : 8	52 : 5	49 : 7

6 Teile jede Zahl durch 8, durch 7, durch 9 und durch 6.

a) 10   b) 15   c) 26   d) 33   e) 45   f) 55

a) 10 : 8 =
10 : 7 =

1 und **2** Evtl. auch eigene Plätzchen in der Tischgruppe gleichmäßig verteilen.
3 Muster erkennen, fortsetzen und beschreiben.

1 a) Die 28 Kinder der Klasse 3a fahren mit dem Zug. Wie viele Abteile können sie voll besetzen?

b) Klasse 3b möchte mit 25 Kindern und 7 Erwachsenen fahren.

c) Klasse 3c fährt mit 20 Kindern und 2 Begleitpersonen.

2 Teile ein.

a) 28 Kinder in Dreiergruppen.

b) 28 Kinder in Fünfergruppen.

c) 28 Kinder in Vierergruppen.

d) 28 Kinder in Sechsergruppen.

e) 26 Kinder in Fünfergruppen.

f) 25 Kinder in Fünfergruppen.

g) 23 Kinder in Fünfergruppen.

h) 33 Kinder in Fünfergruppen.

3

a)	b)	c)	d)	e)	f)
20 : 3	16 : 3	32 : 3	26 : 2	22 : 2	19 : 2
20 : 6	16 : 6	32 : 6	26 : 4	22 : 4	19 : 4
20 : 9	16 : 9	32 : 9	26 : 8	22 : 8	19 : 8

4 24 : 4 = 6

a)	b)	c)	d)	e)	f)
25 : 4	32 : 5	44 : 8	61 : 8	46 : 8	49 : 7
25 : 8	32 : 6	52 : 6	55 : 10	39 : 7	74 : 9
25 : 3	32 : 10	40 : 9	10 : 6	65 : 9	18 : 3
25 : 6	32 : 9	46 : 7	40 : 7	71 : 8	73 : 8

5 35 14 20 50 30 18 10 60 42

Schreibe zu jeder Zahl eine Geteiltaufgabe.

a) Das Ergebnis soll ohne Rest sein.

b) Das Ergebnis soll mit Rest sein.

c) Das Ergebnis soll mit möglichst großem Rest sein.

6 a) 50 : ___ = 6 R 2

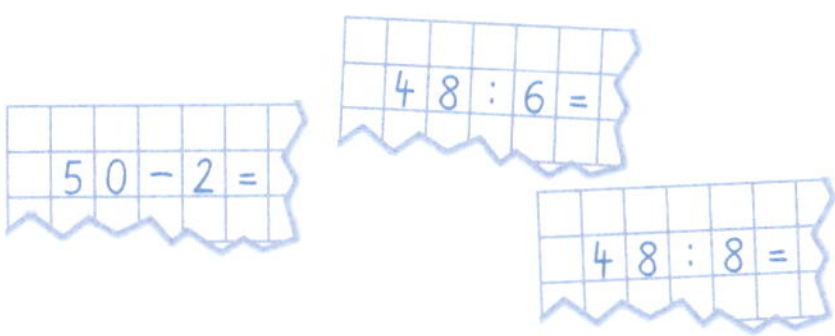

b) 17 : ___ = 5 R 2

c) 19 : ___ = 4 R 3

d) 38 : ___ = 4 R 2

e) 25 : ___ = 8 R 1

f) 66 : ___ = 8 R 2

g) 65 : ___ = 7 R 2

h) 47 : ___ = 7 R 5

i) 25 : ___ = 2 R 7

W

7 a)

b)

Vielfache und Teiler

1

1 · 7

Das Einfache von 7 ist 7.

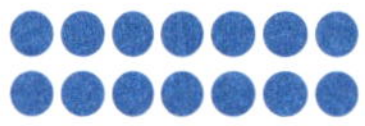

2 · 7

Das Zweifache von 7 ist 14.

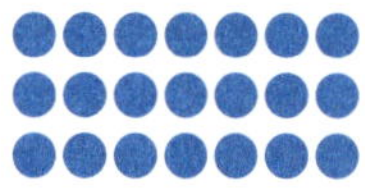

3 · 7

Das Dreifache von 7 ist 21.

Die **Vielfachen** von 7 sind:
7, 14, 21, 28, 35, … 70

Notiere die Vielfachen von
a) 2

Vielfache von 2:
2, 4, 6, 8, 10

b) 4 c) 8 d) 5 e) 10 f) 6 g) 9 h) 3

2

Schreibe in eine Tabelle die Vielfachen von Zahlen.
Kreise gemeinsame Vielfache ein.

a) Vielfache von 2 und 3.
b) Vielfache von 4 und 5.
c) Vielfache von 2, 6 und 4.
d) Vielfache von 5, 2 und 10.

a)

Vielfache von 2	2	4	6	8
Vielfache von 3	3	6	9	12

3 Ergänze die Malaufgaben.

a)

3 · ☐ = 24	☐ · 4 = 24
4 · ☐ = 24	☐ · 8 = 24
6 · ☐ = 24	☐ · 6 = 24
8 · ☐ = 24	☐ · 3 = 24

b)

6 · ☐ = 36	☐ · 4 = 36
9 · ☐ = 36	☐ · 6 = 36
4 · ☐ = 36	☐ · 9 = 36
2 · ☐ = 36	☐ · 18 = 36

c) Suche möglichst viele Malaufgaben zu den Ergebnissen 12 und 18.

4

12 : 1 = ☐
12 : 2 = ☐
12 : 3 = ☐
12 : 4 = ☐
12 : 5 = 2 Rest 2
12 : 6 = ☐
12 : 12 = ☐

Die **Teiler** von 12 sind:
1, 2, 3, 4, 6 und 12

5 Suche die Teiler von

a) 20

20 : 1 =
20 : 2 =
20 : 3

b) 16 c) 15
d) 18 e) 30

6

a)

b)

c)

d)

e)

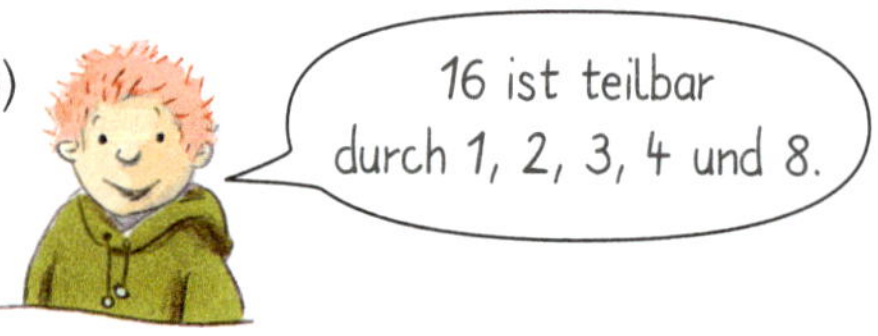

1 Zeichne ab und ergänze symmetrisch. Prüfe mit dem Spiegel.

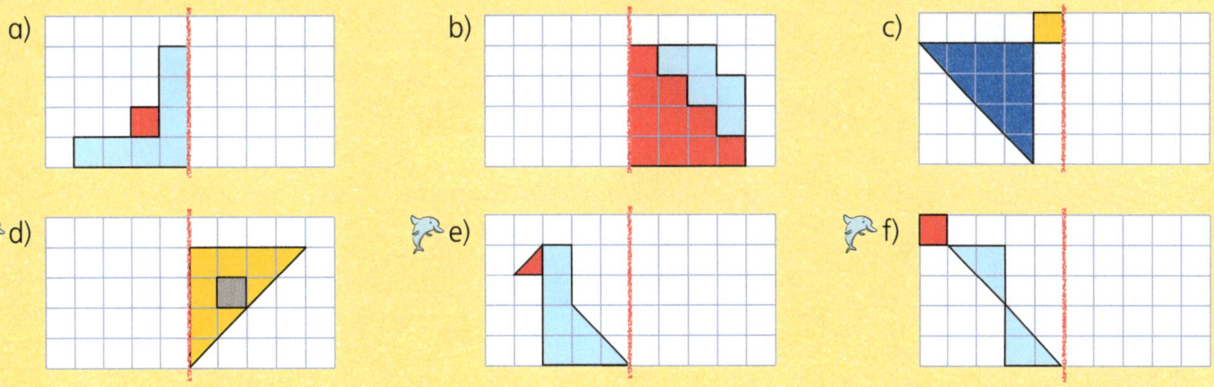

2 Knobeln

a) 27, 12, 36
b) 10, 18, 45
c) 24, 21, 56
d) 33, 27, 99
e) 54, 27, 18

f) 42, 24, 28
g) 40, 35, 56
h) 36, 28, 63
i) 21, 27, 63
j) 63, 72, 56

3

a)	b)	c)	d)	e)	f)
36 : 4	81 : 9	24 : 6	49 : 7	32 : 8	56 : 8
28 : 4	27 : 9	42 : 6	35 : 7	64 : 8	42 : 7
16 : 4	45 : 9	48 : 6	63 : 7	0 : 8	54 : 6

4 Bleibt immer ein Rest?

a)	b)	c)	d)	e)	f)
35 : 7	42 : 8	72 : 10	28 : 7	36 : 6	45 : 7
35 : 8	42 : 6	72 : 8	28 : 4	36 : 9	45 : 8
35 : 9	42 : 9	72 : 7	28 : 8	36 : 7	45 : 9

5

a)	b)	c)	d)
20 : ☐ = 2 R 4	26 : ☐ = 8 R 2	30 : ☐ = 3 R 3	45 : ☐ = 7 R 3
20 : ☐ = 2 R 2	26 : ☐ = 6 R 2	30 : ☐ = 7 R 2	45 : ☐ = 8 R 5

6 Wie heißt der Zirkus?

42 : 7	24 : 6	35 : 7	48 : 8	72 : 8	54 : 9
7 P	8 R	5 R	6 O	8 M	7 O
6 C	4 A	4 L	8 U	9 L	6 A

Rund um die Stadt

Welche Fragen kannst du durch Rechnen beantworten?

Welche Aufgaben rechnest du schriftlich?

1

In die Südschule gehen 198 Kinder, in der Parkschule sind 86 Kinder.

A Wie viele Mädchen sind es?

B Wie viele Kinder sind in beiden Schulen zusammen?

C Wie viele Kinder sind in allen Schulen in der Stadt?

2

Bei der Kindervorstellung im Theater waren am Dienstag 195 Kinder, am Mittwoch waren es 212.
Am Samstag waren es halb so viele Kinder wie am Mittwoch.

A Wie viele Kinder kommen am Freitag?

B Wie viele Kinder waren es am Mittwoch mehr als am Dienstag?

C Wie viele Kinder waren insgesamt an diesen Tagen im Theater?

3

Die Stadtbücherei kauft neue Bücher. Von der Buchhandlung Xander werden 245 Bücher gekauft, bei Huber 167 Bücher und bei Möhler 114 Bücher.

A Wie viele Bücher hat die Stadtbücherei?

B Werden bei Huber und Möhler zusammen mehr Bücher als bei Xander bestellt?

C Wie viele Bücher werden neu angeschafft?

4

Die städtische Busgesellschaft hat 150 Großraumbusse und 45 Mini-Busse. Davon sind jetzt 109 Busse im Einsatz.

A Wie viele Busse sind es insgesamt?

B Wie viele Personen passen in einen Bus?

C Wie viele Busse sind frei?

5

Das Kaufhaus verteilt zur Neueröffnung nach dem Umbau Luftballons. Nach einer Stunde waren von den 1000 Ballons schon 358 verschenkt.

A Wie viele Stunden reichen die Ballons?

B Wie viele Kunden waren im Kaufhaus?

C Wie viele Luftballons sind noch vorhanden?

6

Bei der Verkehrszählung in der Ringstraße fuhren von 10 Uhr bis 11 Uhr 285 Fahrzeuge, von 11 Uhr bis 12 Uhr waren es 30 Fahrzeuge mehr.

A Wie viele Fahrzeuge fuhren von 10 Uhr bis 12 Uhr?

B Wie viele Fahrzeuge fuhren von 11 Uhr bis 12 Uhr?

C Wie viele Fahrräder waren es?

7

Im Parkhaus Stadtmitte gibt es 480 Parkplätze. Um 13 Uhr waren noch 35 Plätze frei.

A Wie viele Plätze sind es insgesamt?

B Wie viele Parkplätze sind belegt?

C Wie viele Plätze sind um 12 Uhr frei?

Schreibe weitere Texte mit passenden Fragen aus deinem Wohnort.

Tierhandlung

1 a)

b)

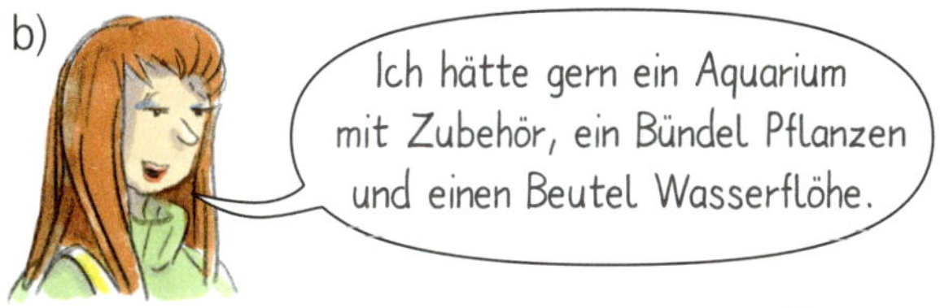

c)

d)

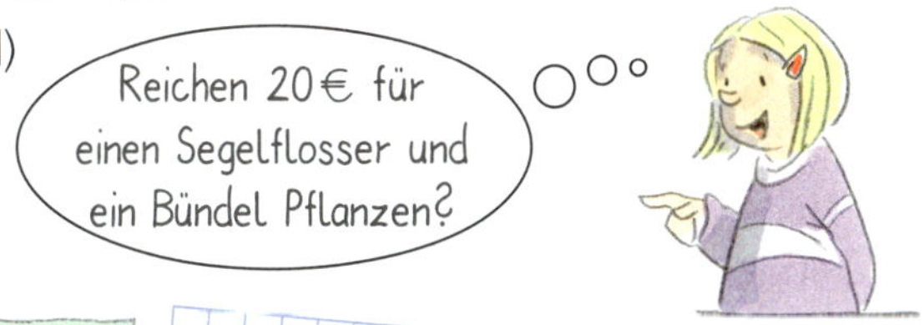

e) Was würdest du kaufen? Rechne.

Lösungstipp:
Schreibe die Einkäufe untereinander und rechne schriftlich plus.

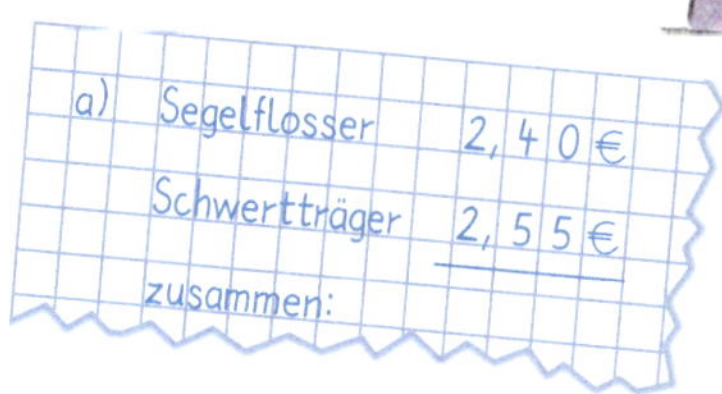

2 a)

RECHNUNG		
1	Aquarium	63,75
1	Heizung	26,18
2	Guppypaare	

b)

RECHNUNG		
3	Segelflosser	
2	Schwertträger	
2	Bündel Pflanzen	

c)

RECHNUNG		
1	Aquarium ohne Zubehör	32,–
2	Beutel Wasserflöhe	
1	Guppypaar	

3 Plus oder minus?

a)

LIEFERSCHEIN	
bestellt:	850 Fische
geliefert:	675 Fische
Rest	

b)

geliefert: 1000 Fische
verkauft:
1. Woche: 257 Fische
2. Woche: 368 Fische

c)

Pakete Fischfutter	
bestellt:	174 Stück
geliefert:	89 Stück
Rest	

4 Wie viel Geld gibt es zurück?

a) Mirko kauft zwei Segelflosser. Er bezahlt mit einem 10-€-Schein.
b) Svenjas Mutter kauft ein Aquarium mit Zubehör. Sie hat einen 100-€-Schein.
c) Robin hat einen 5-€-Schein. Er will einen Beutel Wasserflöhe und zwei Segelflosser kaufen.
d) Michael soll ein Bündel Pflanzen kaufen. Er kauft noch ein Guppypaar, das er um 1,50 € billiger bekommt.

5

a) Um 10 Fische zu haben, muss ich mehr als 20 € ausgeben.

b) In meinem Aquarium sind 5 Fische. Sie sind mehr als 50 € wert.

c) Für 10 € kann ich 6 Fische kaufen.

Würfel und Würfelnetze

1 Auf dem Spielfeld wird ein Würfel nach Vorschrift gekippt.
Welche Augenzahl liegt am Schluss oben?

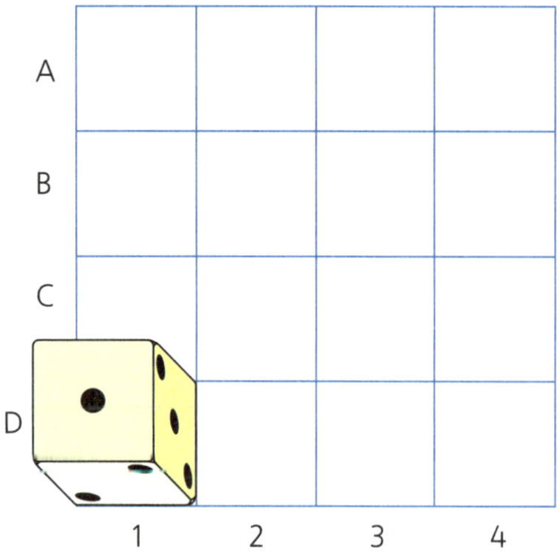

a)  r – o – l – u

b)  o – o – r – r

c)  r – o – r – o

d)  o – o – o – r

e)  r – r – l – l

r: nach **r**echts
o: nach **o**ben
l: nach **l**inks
u: nach **u**nten

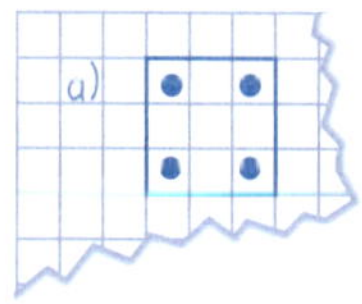

2 Stelle die abgebildeten Würfel auf das Startfeld D1. Beachte die Augenzahl.
Kippe den Würfel nach Vorschrift. Schreibe die Folge der Spielfelder auf.

a)  r – r – o – o

b)  o – r – o – o

c)  o – o – r – u

d)  o – o – r – u – u

e)  r – o – l – o – r

f)  o – r – o – l – o

g)  r – o – r – o – r

h)  r – r – r – o – o

i)  o – o – o – r – u

j)  o – o – r – o – l

k)  r – o – l – u – r

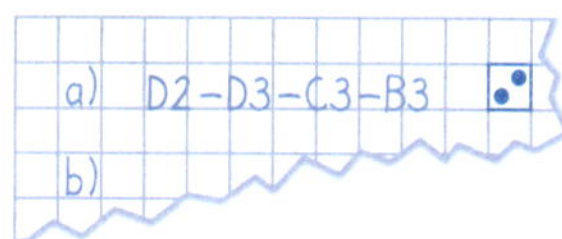

3

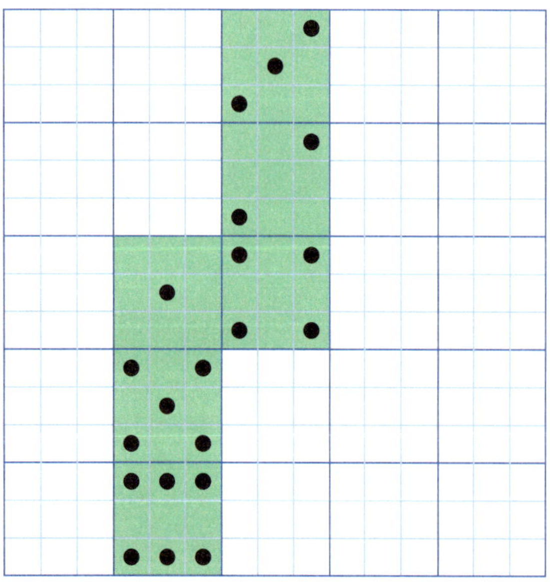

Du brauchst einen Plan mit
25 Feldern und einen Spielwürfel.

- Lege den Würfel unten auf ein Feld.
- Kippe den Würfel fünfmal so, dass alle Flächen einmal oben zu sehen waren.
- Trage in die Felder die Augenzahl ein und male sie aus.
- Es entsteht ein Netz. Schneide es aus.
- Falte das Netz und überprüfe, ob es ein Würfel wird.
- Wie viele Würfelnetze findest du auf diese Art?

3 Kopiervorlage. Bei einigen Netzen muss mehr als fünfmal gekippt werden.

Würfelnetze

1 Herr Harrer hat ein neues Fernsehgerät gekauft. Er packt es vorsichtig aus.

a) Zuerst löst er den Deckel mit 3 Schnitten.

b) Dann schneidet er die Seiten mit 4 Schnitten auf.

c) Herr Harrer klappt jetzt die Verpackung vollständig auf.

2

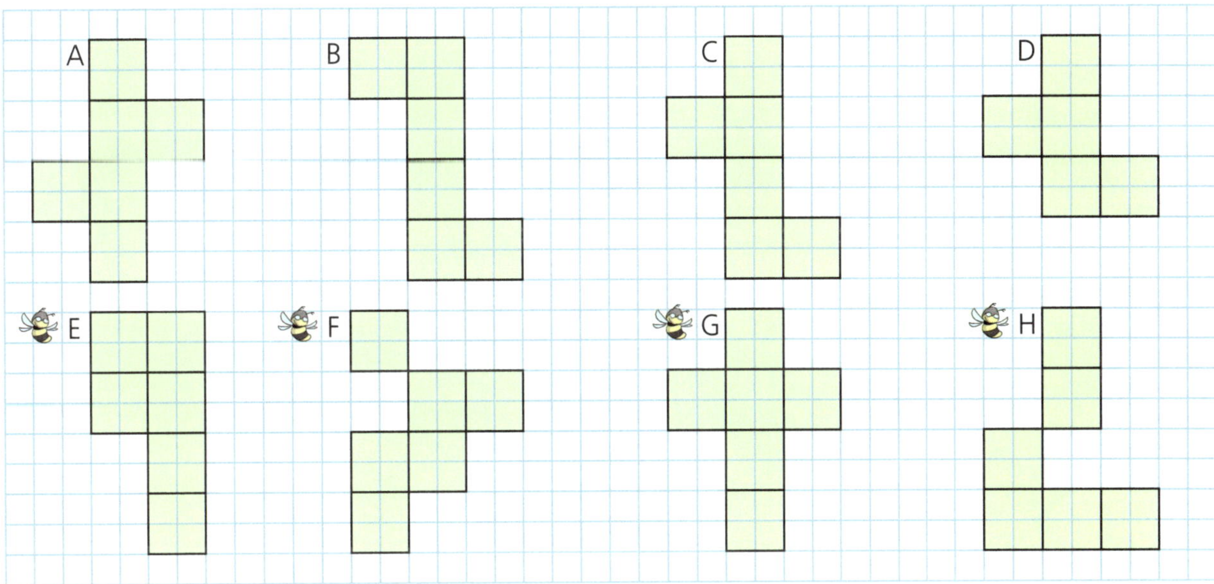

a) Zeichne die Netze ab und schneide sie aus.

b) Überprüfe, ob du durch Falten einen Würfel erhältst.

c) Findest du weitere Würfelnetze?

W

3 Schreibe mit Komma.

a)	b)	c)	d)	e)
6 m 62 cm	3 m 33 cm	2 m 2 cm	7 m	44 cm
6 m 26 cm	3 m 3 cm	3 m 3 cm	7 m 7 cm	55 cm
6 m 20 cm	3 m	4 m 4 cm	7 m 77 cm	9 cm
6 m 12 cm	33 cm	5 m 5 cm	77 cm	1 cm
6 m 2 cm	3 cm	6 m 6 cm	7 cm	99 cm

Flächen am Geobrett

1 Spanne die Figuren nach.
Wie viele kleine Quadrate sind in den Figuren jeweils enthalten?

a)

b)
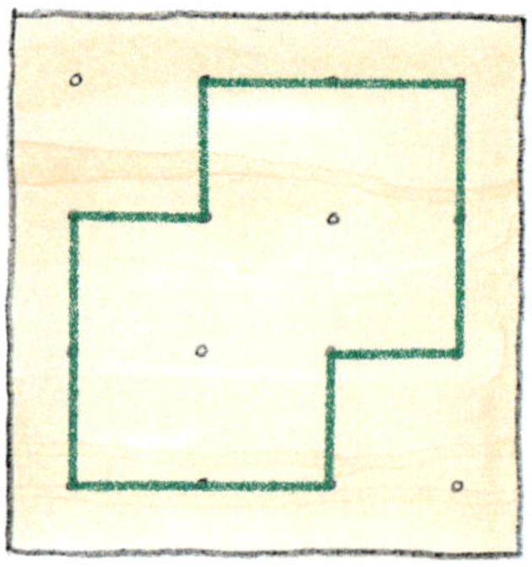

c)
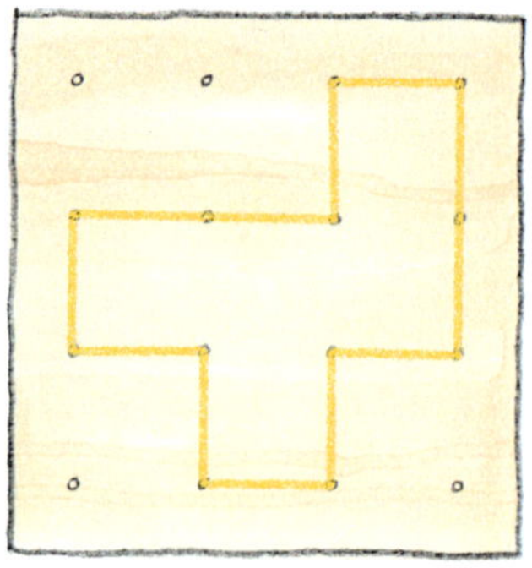

d)
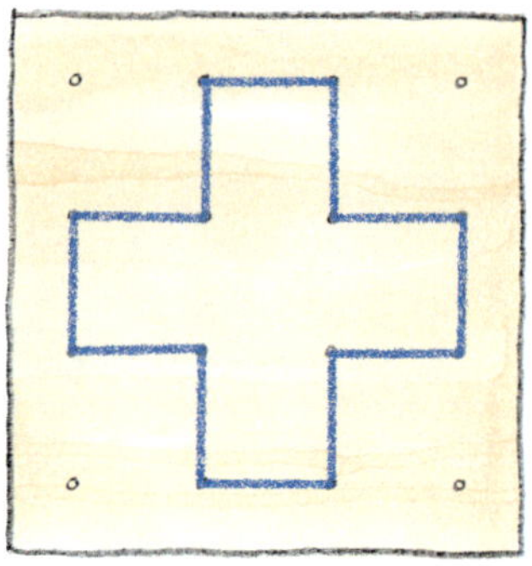

e)
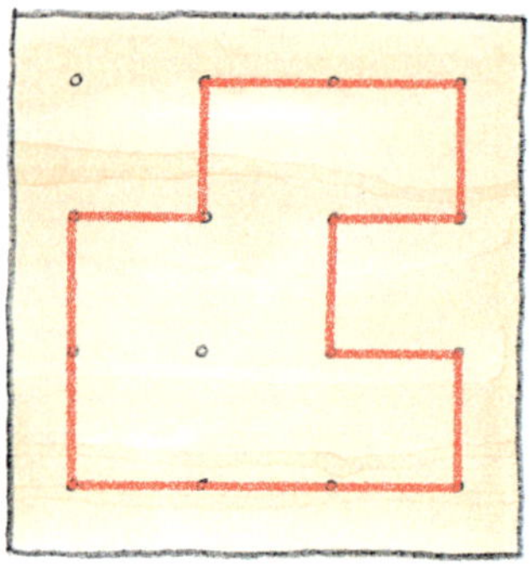

2 Spanne selbst Figuren, in denen genau fünf Quadrate enthalten sind.

3 Spanne nach.
Wie viele kleine Dreiecke sind jeweils in den Figuren enthalten?

a)
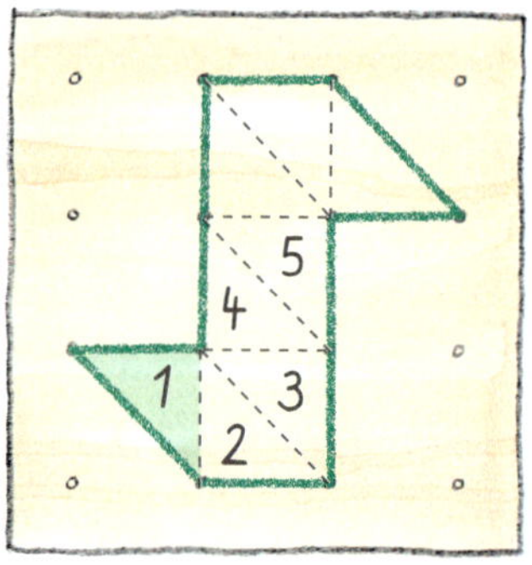

b)

c)
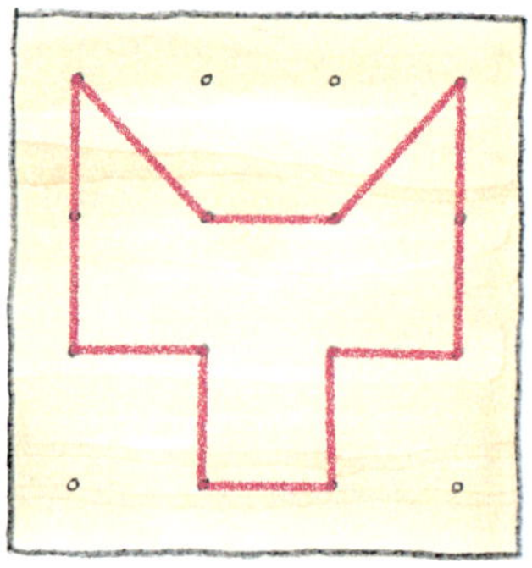

d)
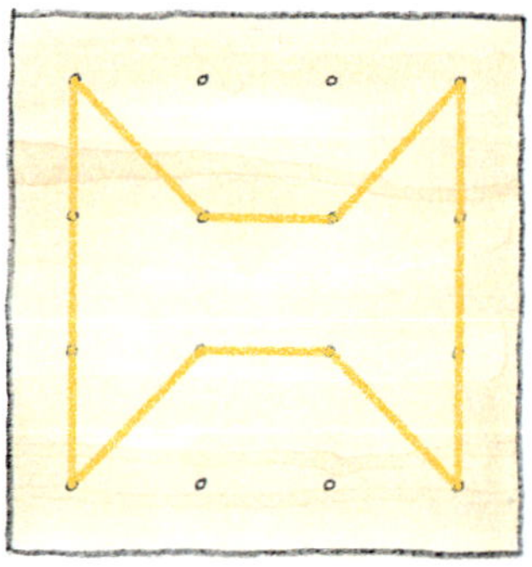

e)
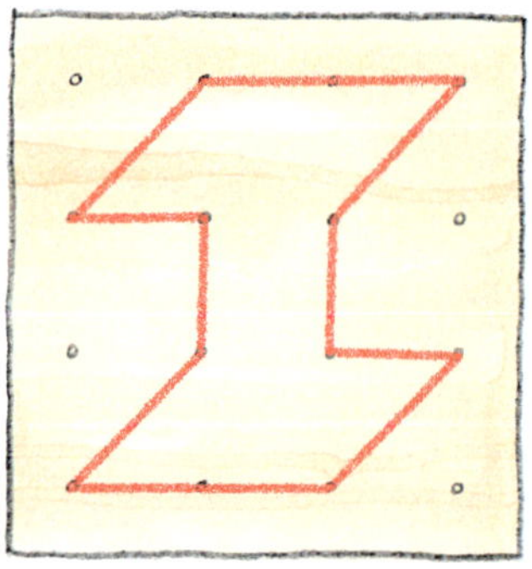

f)
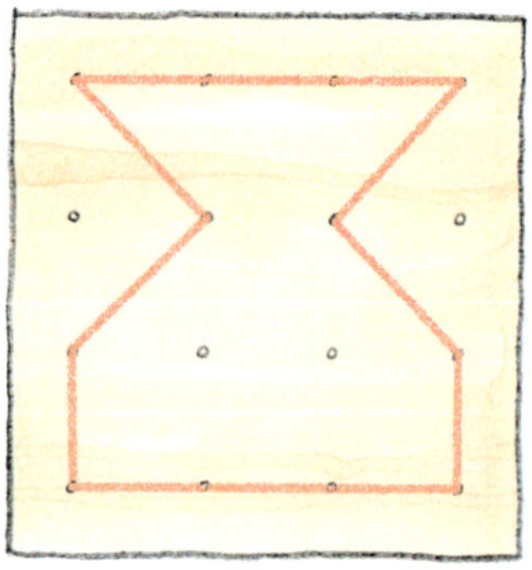

Geometrie und Kunst

Dieses Bild hat Paul Klee 1928 gemalt.

Er nannte es „Burg und Sonne."

1 a) Welche Formen hat der Künstler verwendet?
b) Stellt euch weitere Suchaufgaben.

2 Diese Ausschnitte sind vergrößert. Sucht sie im Bild.

A

B

C

D

3 Suche die Ausschnitte im Bild.
Zeichne ab und male an.

A
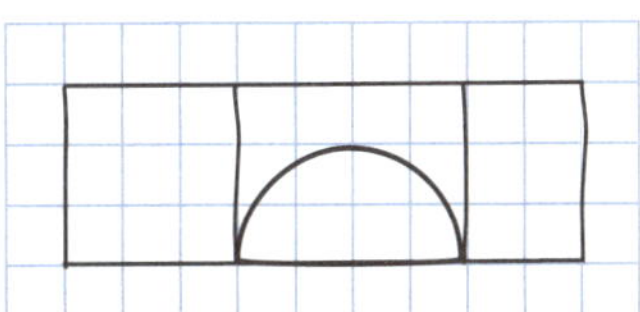
B
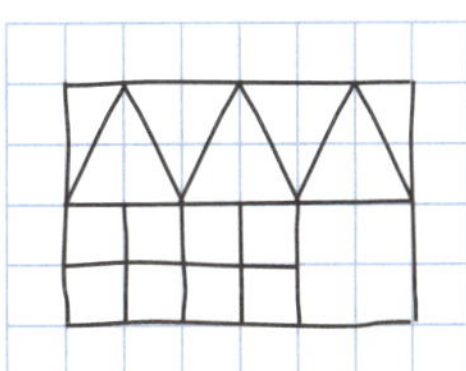
C
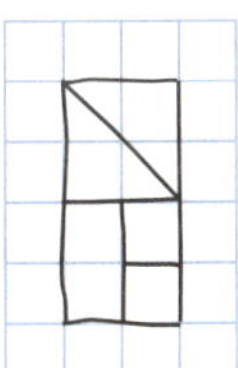
D
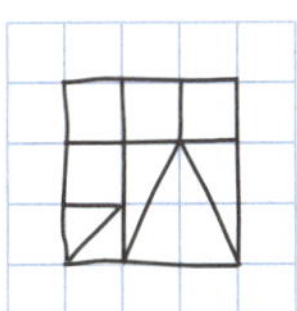
E
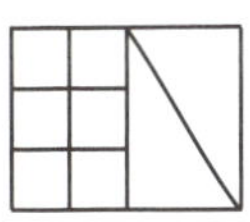

4 Fertige einen Rahmen.
Lege ihn auf das Bild und zeichne den Bildausschnitt ab.

3 Freihändig zeichnen. **4** Zum Herstellen der Schablone evtl. Geoschablone verwenden.

1 Ordne die Fahrzeuge nach ihrer Länge. Wie heißt das Lösungswort?

L	B	A	U
450 cm	4,21 m	4,64 m	479 cm

2 Wie viele Zentimeter fehlen bis zum nächsten vollen Meter?

a) b) c) d)

3 Schreibe mit Komma.

a) 5 m 66 cm
9 m 55 cm
4 m 8 cm
6 m 12 cm

b) 4 m 3 cm
2 m 9 cm
7 m 32 cm
9 m 75 cm

c) 89 cm
37 cm
3 cm
1 cm

4 Schreibe als m und cm.

a) 3,77 m
8,64 m
0,88 m
4,07 m

b) 6,03 m
5,29 m
2,09 m
7,99 m

c) 4,20 m
9,99 m
0,01 m
1,10 m

5 Zeichne die Strecken und schreibe die Längen in cm und mm.

a) 76 mm, 29 mm
b) 52 mm, 38 mm
c) 42 mm, 20 mm
d) 87 mm, 90 mm
e) 9 mm, 11 mm
f) 17 mm, 89 mm
g) 50 mm, 35 mm
h) 102 mm, 120 mm

6 Wie weit gehen die Kinder in einer Schulwoche?

a) Karin geht zur Schule und zurück jeden Tag insgesamt 4 km.

b) Quirin hat jeden Morgen einen Schulweg von 500 m zu gehen.

7 Rechne schriftlich.

a) 324 – 182
824 – 182
524 – 382

b) 672 – 388
682 – 398
652 – 368

c) 554 – 246
556 – 248
551 – 243

d) 436 – 237
446 – 247
448 – 249

e) 755 – 478
753 – 476
773 – 496

8

a) 324 + 182
423 + 281
234 + 612

b) 381 + 284
183 + 482
831 + 121

c) 554 + 246
455 + 426
545 + 264

d) 436 + 237
634 + 272
346 + 327

e) 164 + 548
746 + 165
628 + 286

9

a) 478 + □ = 716
362 + □ = 899
545 + □ = 978

b) 558 + □ = 639
115 + □ = 487
234 + □ = 576

c) 652 – □ = 488
923 – □ = 674
791 – □ = 367

d) 394 – □ = 158
437 – □ = 269
856 – □ = 477

Unterschiede

1 Wie groß ist der Höhenunterschied?

137 m hoch
Unterschied
62 m hoch

137 m − 62 m

62 m + 38 m = 100 m
100 m + 37 m = 137 m

2 Berechne die Höhenunterschiede.

a)

880 m	880 m	880 m	975 m	975 m
40 m				
840 m	845 m	867 m	931 m	909 m

b)

798 m	798 m	798 m	967 m	183 m
718 m	719 m	728 m	667 m	683 m

3 a)

500 m	520 m	525 m	300 m	340 m
m				
298 m	298 m	298 m	199 m	199 m

b)

685 m	146 m	355 m	785 m	946 m
317 m	99 m	182 m	376 m	847 m

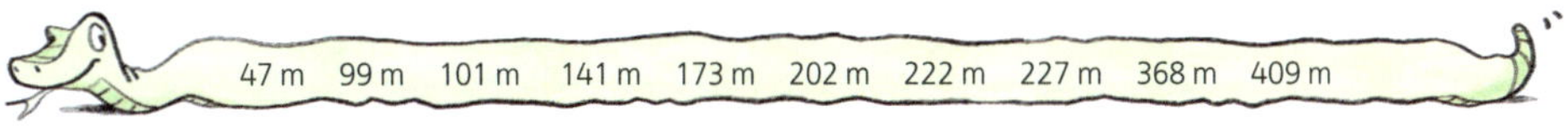

4

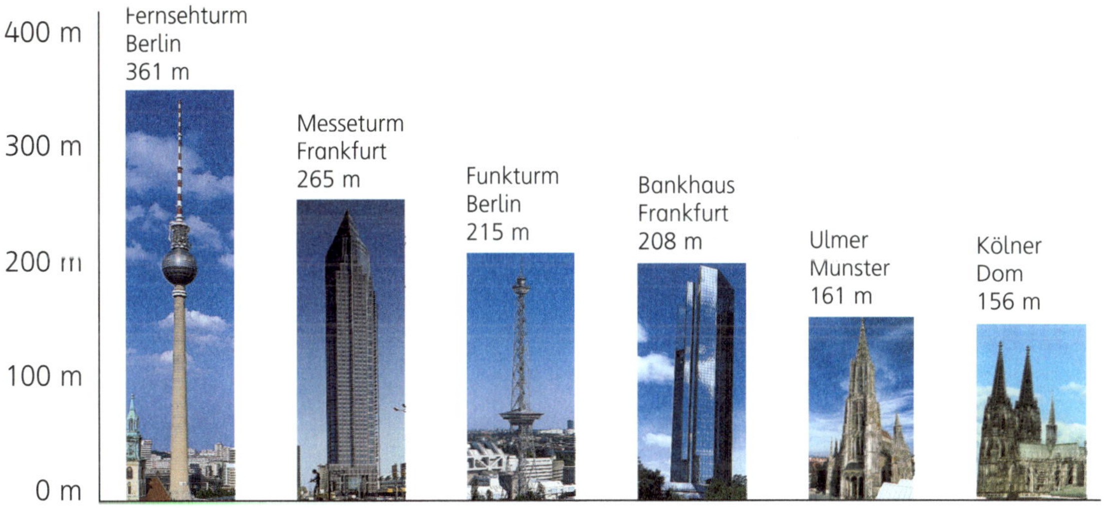

Jeweils zwei Gebäude wurden verglichen. Welche sind es?
Ihr Höhenunterschied beträgt: a) 146 m b) 52 m c) 57 m d) 5 m e) 109 m f) 205 m g) 104 m

5

Nebenflüsse der Donau

Iller	165 km
Lech	263 km
Isar	295 km
Inn	510 km
Altmühl	220 km
Naab	165 km
Regen	165 km

Iller, Lech, Isar, Inn fließen rechts zur Donau hin, Altmühl, Naab und Regen kommen links entgegen.

a) Berechne Längenunterschiede.

Es gibt 21 Längenvergleiche. Rechne 5 davon.

Der Inn ist 345 km länger als die Iller.

b) Welche Flüsse wurden verglichen?
Längenunterschiede:

43 km | 215 km | 98 km | 0 km

Modelleisenbahn

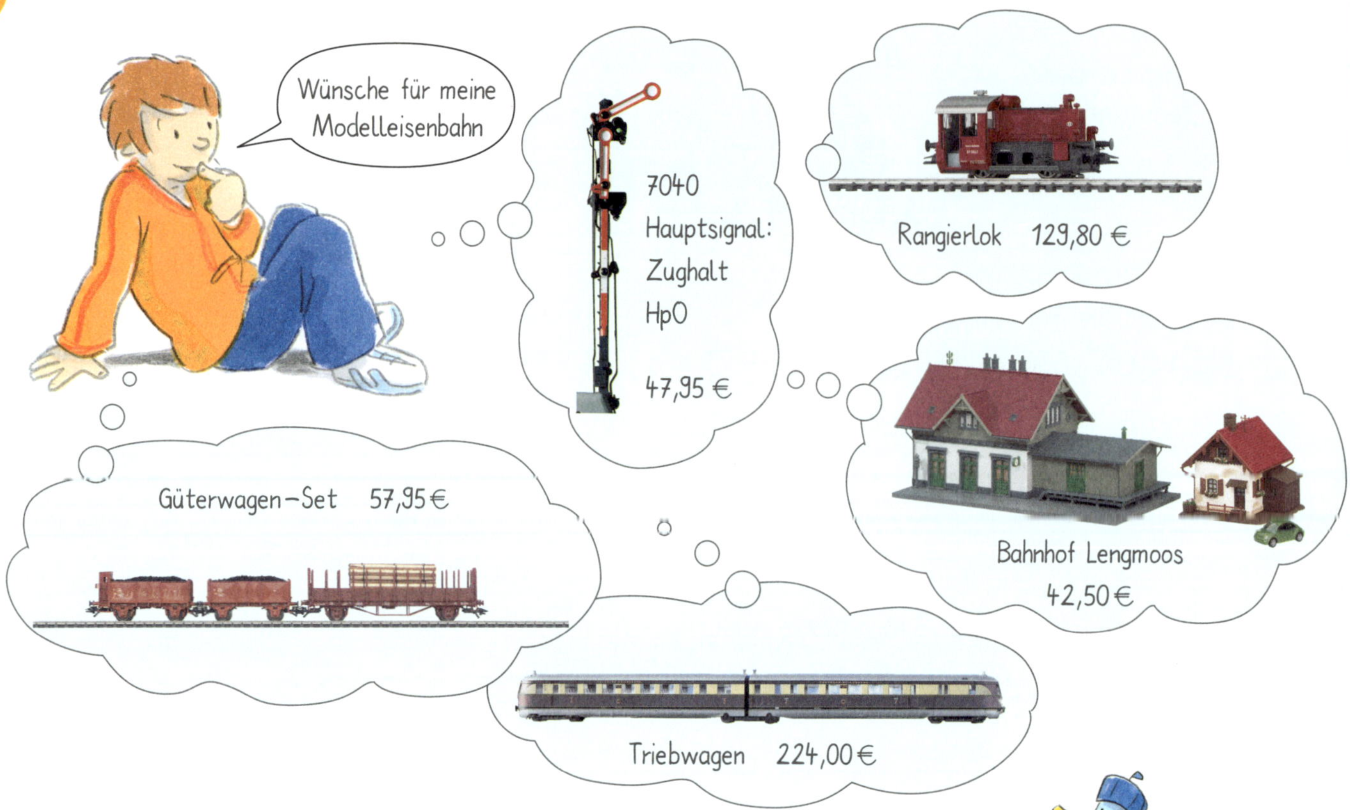

1 Viktor hat 300 €. Dafür darf er sich zwei seiner Wünsche erfüllen.

a) Überschlage, für welche zwei Artikel sein Geld reicht.

b) Wähle eine Möglichkeit aus und berechne, wie viel Geld übrig bleibt.

c) Bei welchen zwei Artikeln bleibt Viktor am wenigsten Geld übrig?

d) Bei welchen zwei Artikeln bleibt Viktor am meisten Geld übrig?

2 **Preissenkung bei Modellbahnen:**

Artikel 50 € bis 99 €:	5 € billiger
Artikel 100 € bis 149 €:	10 € billiger
Artikel ab 150 €:	20 € billiger

a) Wie viel kosten die Artikel nach der Preisenkung?

b) Was könnte er jetzt für 300 € auswählen?

3 Viktors Vater kauft den Triebwagen, die Rangierlok und das Güterwagen-Set. Modellbahnhändler Böttinger sagt: „Das kostet nach den alten Preisen über 400 €. Sie bekommen die Artikel um 40 € billiger.“

Viktors Vater vergleicht das Angebot des Händlers mit den Preisen nach der Preissenkung.

1

2

Mehrere Klassen wünschen sich Stelzendosen.
Die Klasse 1 a möchte ein Paar, die Klasse 2 a drei.
Die Klasse 4 a möchte zwei, die 4 b sechs, die 4 c fünf und die Klasse 3 a möchte sogar 10 Paar.

a) Legt eine Tabelle für die Preise an.
b) Erklärt, wie ihr die verschiedenen Preise herausfindet.

Stelzendosen

Paare	Preis
1	8 €
2	16 €
3	

Tipp 2:
Mit Tabellen arbeiten.

3 Lege eine Preistabelle für Softbälle an.
Wie viel kosten 3 Bälle, 4 Bälle, 9 Bälle, 10 Bälle und 12 Bälle?

Softbälle

Bälle	Preis
1	5 €

1 Partnerarbeit: Eigene Wunschlisten schreiben und berechnen. Überschlagen oder schriftlich addieren.
2 und **3** Feststellen: Der Preis wächst im gleichen Verhältnis wie die Menge (proportional). Dies gilt aber nur, wenn es keinen Mengenrabatt gibt.

Gewichte vergleichen

1

Jonas Silke Anna Silke Jonas Anna

Erzähle – frage – antworte.

2 Ordne die Kinder nach dem Gewicht. Beginne mit dem schwersten.

a)

Heike Mario Kathrin Heike

b)

Yvonne Sven Nicole Sven

3 Ordne nach dem Gewicht. Beginne mit dem schwersten Kind.

a) Kathrin wiegt mehr als Ines. Ines wiegt mehr als Peter.
b) Patrik wiegt weniger als Kevin. Kevin wiegt weniger als Max.
c) Petra wiegt mehr als Henrike. Petra wiegt weniger als Lara.
d) Markus wiegt weniger als Lisa. Oliver wiegt mehr als Lisa.

Tipp 6:
Mache dir eine Zeichnung.

Welche Waage ist im Gleichgewicht?

4 Vergleiche das Gewicht der Ranzen.

a)

b)

c)

5

Das Mäppchen wiegt gleich viel wie 5 Hefte.

Wiegt mit Heften:
a) das Lesebuch
b) einen Malkasten
c) ein Pausenbrot
d) das Tafellineal
e) den Zeigestab
f) den Tafellappen

W

6 a)

b)

1000 Gramm = 1 Kilogramm
1000 g = 1 kg

1 Wie schwer sind die Waren?

a)
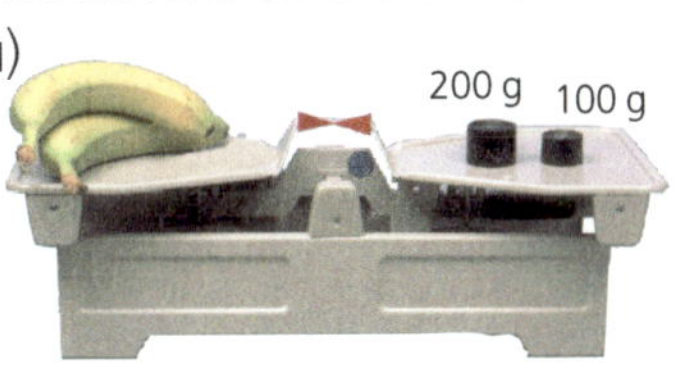

b)

c)
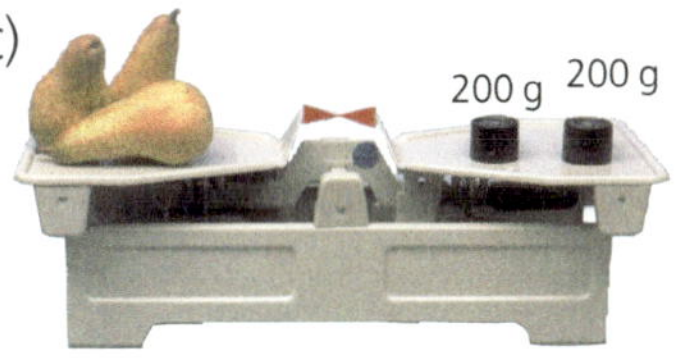

d)

e)

f)
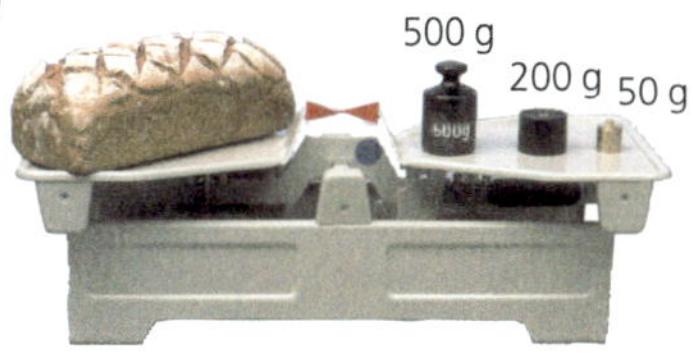

2 Welche Gewichtssteine musst du verwenden, wenn du die folgenden Sachen mit möglichst wenig Gewichtssteinen wiegen willst?

a) Stiftepackung	180 g	e) Ball	180 g	i) 20 Sammelkarten	95 g
b) Buch	320 g	f) Arbeitsheft	175 g	j) 2 CDs	147 g
c) Puppe	240 g	g) Federtasche	240 g	k) 1 Banane	139 g
d) Spielauto	520 g	h) Baukasten	741 g	l) 1 Tüte Zucker	1045 g

a) 180 g = 100 g + 50 g + 20 g + 10 g

3

Oft fehlen Gewichtssteine aus dem Satz.

a) Was kann man nicht mehr wiegen, wenn der 1-g-Stein fehlt?

b) Es fehlt der 50-g-Stein.
Kann man dann noch Dinge wiegen, die 60 g, 250 g, 125 g, 85 g, 550 g schwer sind?

4 Was zeigt die digitale Waage an?

a)
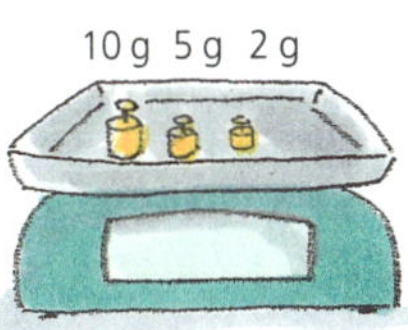

b)
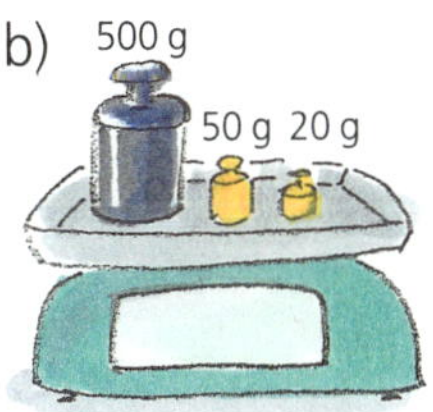

c)

d)

Welche Vorteile hat die digitale Waage?

Gewichte – Gramm, Kilogramm

1 Wie viel wiegen die vollen Gläser, wie viel die leeren?

a)

b)

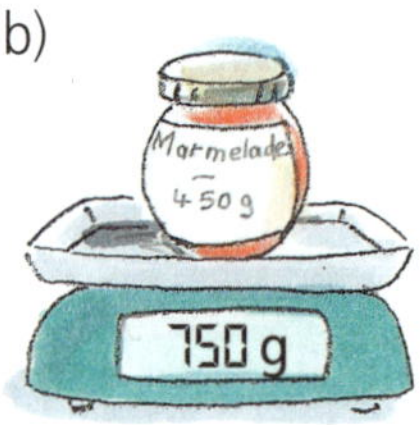

c)

d)

2 Übertrage die Tabelle in dein Heft. Berechne die fehlenden Gewichte.

	A 	B 	C 	D 	E 	F 
Gewicht des Gefäßes	230 g	45 g	60 g	340 g		
Gewicht des Inhalts	370 g	565 g			430 g	450 g
Gesamtgewicht			250 g	590 g	1 kg	1 kg 240 g

3 a)

b)

c)

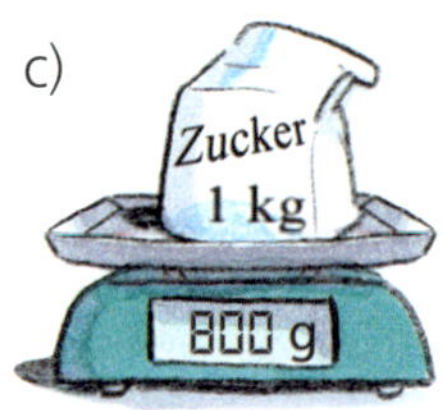

d)

Ali und Tim haben einen Kuchen gebacken. Alle Packungen waren voll.
Wie viel Gramm Mehl, Butter, Zucker und Rosinen verbrauchten sie dafür?

4

Wie viel Gramm fehlen bis zu 1 kg?

1 kg	750 g	500 g	980 g	976 g	400 g	360 g	355 g	240 g	179 g	25 g

5

a)

b)

c)

d)

Gewichte – Tonne

1

1000 Kilogramm = 1 Tonne
1000 kg = 1 t

2

Ordne die Gewichte den Tieren zu.
Welche Tiere sind schwerer als eine Tonne?

| 6 kg | 800 kg | 1 t | 30 kg | 5 t | 350 kg |

3 Ergänze zu einer Tonne (t).

a)	b)	c)	d)	e)
700 kg	830 kg	80 kg	323 kg	909 kg
400 kg	910 kg	65 kg	712 kg	867 kg
200 kg	520 kg	13 kg	134 kg	698 kg
300 kg	350 kg	56 kg	215 kg	998 kg

a) 700 kg + 300 kg = 1 t
400 kg

4 Gibt man das Gewicht dieser Dinge in g, kg oder t an?

a) Schokolade
b) Lokomotive
c) Koffer (gepackt)
d) Backpulver
e) Lastkraftwagen
f) Brief
g) Salz
h) Zement (Sack)
i) Teebeutel
j) Schulranzen

a) Schokolade in g

1 Welche Rechengeschichte passt?

a) 85 kg − 10 kg = ___ kg

A Anna und Tina wiegen zusammen 85 kg. Nach einem Jahr wiegen sie zusammen 10 kg mehr.

B Papa wiegt 85 kg. Er nimmt pro Woche 2 kg ab. Er wiegt sich wieder nach 5 Wochen.

C Herr Keller wiegt 85 kg. Sina wiegt halb so viel.

b) 36 kg : 2 = ___ kg

A Familie Meyer lagert 36 kg Kartoffeln ein. Sie isst jeden Tag 2 kg davon.

B Die Biotonne mit Gartenabfall wiegt 36 kg. Mama wirft noch 2 kg Biomüll hinein.

C Anna wiegt 36 kg. Tilo wiegt halb so viel.

c) 3 · 30 kg = ___ kg

A Paul, Tom und Ali wiegen zusammen 30 kg.

B Moni wiegt 30 kg. Ihr Vater wiegt das Dreifache.

C Tim wiegt 30 kg. Sein Freund ist 3 kg schwerer.

2 Welche Rechengeschichte passt?

a) ___ kg + 110 kg = 140 kg

A Das Gorillababy ist 140 Tage alt und wiegt 110 kg.

B Die Affenmutter klettert mit ihren 140 kg auf einen Baum, der 110 Jahre alt ist.

C Das Gorillababy ist 110 kg leichter als die Affenmutter. Sie wiegt 140 kg.

b) 1000 kg : 2 = ___ kg

A Eine Giraffe wiegt 1000 kg. Ein Zebra ist halb so schwer.

B Eine Giraffe wiegt 1000 kg. Ein Elefant wiegt doppelt so viel.

C Zwei Giraffen fressen jeweils 1000 kg Futter.

c) 180 kg + 5 kg = ___ kg

A Der Bauer verkauft 5 Schweine. Jedes Schwein wiegt ungefähr 180 kg.

B Ein Schwein wiegt 180 kg. Täglich nimmt es 500 g zu. Nach 10 Tagen wird es gewogen.

C Fünf Ferkel wiegen zusammen 180 kg.

3 Erfinde eine passende Rechengeschichte.

A 125 kg + 240 kg = ___ kg

B 1 kg 250 g + ___ g = 2 kg

C 5 · 20 g + 150 g = ___ g

Bei welcher Aufgabe ist es leicht ●, mittelschwierig ● oder schwierig ●.
Sprecht über eure Rechengeschichten.

4

Am 10. 5. hat die Tischlerei Holzwurm einen Auftrag für 5 runde Tische mit 3 Beinen und 4 quadratische Tische mit 4 Beinen erhalten. Die notwendigen Tischbeine lieferte die Drechslerei Maier am 5. 5.

Wie viele Tischbeine lieferte die Drechslerei?

Schreibe die wichtigen Aufgaben aus der Rechengeschichte auf und rechne dann.

Tipp 1

Tipp 2

Tipp 3

Tipp 4
Schreibe die wichtigen Angaben auf.

5

a) Für das Restaurant 7 Zwerge werden bei Schreiner Holzmann 8 Tische bestellt. Zu jedem Tisch gehören 5 Stühle.

Wie viele Stühle muss der Schreiner liefern?

Beachte Tipp 4.

b) Schreiner Lammers verwendet für die Lehnen seiner Stühle gleiche Leisten. Für den Stuhl Genf verwendet er 2 Leisten. Für den Stuhl Bern braucht er 3 Leisten. Von Stuhl Genf werden 10 Stühle bestellt, von Stuhl Bern 6.

Stuhl Genf

Stuhl Bern

Wie viele Leisten braucht man?

c) Bei Schreiner Hobel werden Holzzüge hergestellt. Jede Lokomotive hat 6 Räder, jeder Wagen 4 Räder. Für 2 Spielzeugläden werden 6 Lokomotiven und 10 Wagen gefertigt.

Wie viele Räder muss Schreiner Hobel vorbereiten?

6

Die Seelöwen im Zoo bekommen in einer Woche 180 kg Fisch. Am Montag bekamen sie 20 kg. Am Dienstag 28 kg.

Wie viel Fisch ist für die restliche Woche übrig?

Zeichne zur Aufgabe ein Streifenbild und löse dann die Aufgabe.

Tipp 5
Ein Streifenbild zur Aufgabe zeichnen.

7 Zeichne zur Aufgabe ein Streifenbild und löse sie dann.

a) Herr Ludwig fährt mit seinem Lkw am Montag 295 km, am Mittwoch 190 km und am Donnerstag 305 km.

Wie weit ist er gefahren?

b) Frau Kraft kauft im Supermarkt für 64,58 € ein, beim Bäcker für 8,90 €. Sie hatte 100 € im Geldbeutel.

Wie viel Geld hat sie noch?

c) Tom möchte 1 000 Briefmarken besitzen. Im ersten Album sind 285 Marken, im zweiten 462.

Wie viele braucht er noch?

Mal und geteilt mit Zehnerzahlen

1 Zehn Kinder einer Jugendgruppe haben sich für den Ausflug zum Chiemsee angemeldet.
Der Preis beträgt jeweils 24 Euro.
Wie hoch ist der Gesamtpreis?

Aus 4 Einern werden 4 Zehner. Aus 2 Zehnern werden 2 Hunderter.

Der Gesamtpreis beträgt ___ Euro.

H	Z	E
	2	4
2	4	0

2 a) 27 · 10 | 49 · 10 | 63 · 10 | 88 · 10
b) 61 · 10 | 33 · 10 | 19 · 10 | 40 · 10
c) 72 · 10 | 80 · 10 | 37 · 10 | 61 · 10
d) 10 · 83 | 10 · 56 | 10 · 40 | 10 · 39
e) 10 · 34 | 10 · 22 | 10 · 47 | 10 · 90

3 Der Großhändler „Bücher-Express" bekam letzte Woche eine Lieferung.
Wie viele Bücher waren es jeweils?

a) 18 Kartons mit je 10 Bilderbüchern
b) 26 Kartons mit je 10 Kinderbüchern
c) 42 Kartons mit je 10 Jugendbüchern
d) 38 Kartons mit je 10 Kinderlexika
e) 53 Kartons mit je 10 Sachbüchern

4 Wie viele 10-€-Scheine sind es?

a) 180 € | 120 € | 150 € | 130 €
b) 140 € | 190 € | 250 € | 400 €
c) 200 € | 220 € | 270 € | 260 €
d) 310 € | 340 € | 390 € | 350 €
e) 570 € | 810 € | 960 € | 230 €
f) 850 € | 680 € | 470 € | 730 €

5 

Die 380 Schüler der Sonnenschule werden beim Spielfest in Gruppen zu je 10 Schülern eingeteilt.
Wie viele Gruppen werden es?

Es werden ___ Gruppen.

Aus 3 Hundertern werden 3 Zehner. Aus 8 Zehnern werden 8 Einer.

H	Z	E
3	8	0
	3	8

(: 10)

6 a) 220 : 10 | 340 : 10 | 470 : 10 | 530 : 10
b) 640 : 10 | 950 : 10 | 450 : 10 | 760 : 10
c) 730 : 10 | 410 : 10 | 990 : 10 | 550 : 10
d) 850 : 10 | 290 : 10 | 440 : 10 | 610 : 10
e) 660 : 10 | 420 : 10 | 930 : 10 | 370 : 10

7 

Übt das Malnehmen mit 10.

26 · 10

260

Mal mit Zehner- und Hunderterzahlen

1

2 · 3 = ☐ Grundaufgabe	**2 · 30 =** ☐ 2 $\xrightarrow{\cdot 3}$ ☐ $\xrightarrow{\cdot 10}$ ☐ das Zehnfache	**2 · 300 =** ☐ 2 $\xrightarrow{\cdot 3}$ ☐ $\xrightarrow{\cdot 100}$ ☐ das Hundertfache

Was fällt dir auf?

2 Schreibe passende Malaufgaben.

a)

b)

c)

3 Lege und rechne.

Starke Päckchen 2

a)	b)	c)	d)	e)	f)
3 · 3	4 · 2	2 · 4	5 · 2	3 · 5	4 · 3
3 · 30	4 · 20	2 · 40	5 · 20	3 · 50	4 · 30
3 · 300	4 · 200	2 · 400	5 · 200	3 · 500	4 · 300

4 a)

a) 5 · 5 0 =

b)

c)

d)

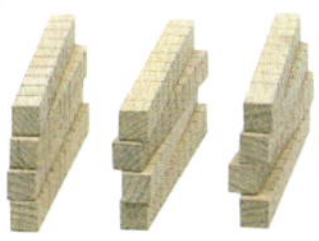

e)

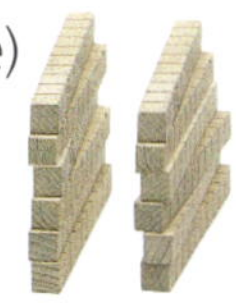

f)

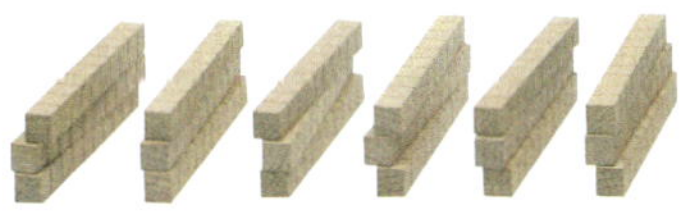

5

Starke Päckchen 2

a)	b)	c)	d)	e)	f)
2 · 70 (2 · 7)	3 · 80	5 · 50	4 · 60	2 · 90	3 · 70
4 · 70	6 · 80	7 · 50	6 · 60	4 · 90	6 · 70
8 · 70	9 · 80	9 · 50	8 · 60	8 · 90	9 · 70

6 Rechne immer auch die Tauschaufgabe.

a)	b)	c)	d)	e)	f)
70 · 3 (7 · 3)	80 · 8	20 · 8	70 · 5	70 · 0	50 · 5
80 · 4	70 · 7	40 · 6	60 · 5	70 · 1	20 · 5
90 · 5	50 · 6	40 · 4	60 · 6	70 · 10	100 · 5
100 · 6	40 · 5	80 · 2	30 · 6	70 · 9	30 · 5

W

7 a) 16 24 8 40 32 : 4 8 b) 20 25 7 29 15 : 3 6

Geteilt mit Zehnerzahlen

1 Es wurden 150 Fichten gefällt.
Der Lkw kann immer 30 Stämme laden.
Wie oft muss er fahren?

150 : 30

150 $\xrightarrow{:10}$ 15 $\xrightarrow{:3}$ 5
Jonas

15Z : 3Z = 5
Sofie

2

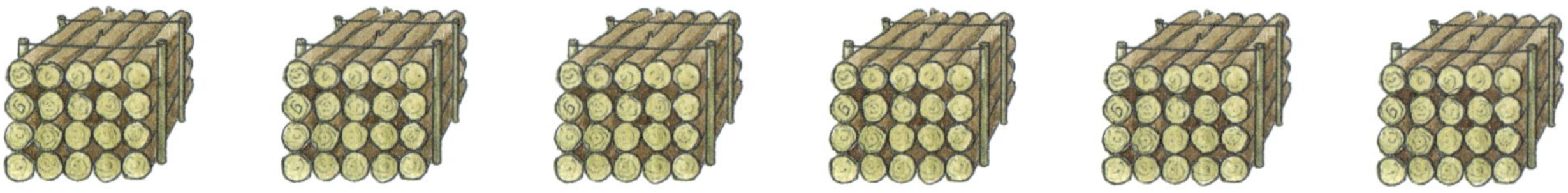

a) Wie viele Stücke sind hier aufgeschichtet?
b) Der Lkw kann immer 60 Stück laden. Wie oft muss er fahren?

3 Rechne auf deine Weise. Kontrolliere mit der Umkehraufgabe.

a)	b)	c)	d)	e)
210 : 70	180 : 90	160 : 40	150 : 30	320 : 80
420 : 70	360 : 90	200 : 40	210 : 30	640 : 80
490 : 70	720 : 90	240 : 40	270 : 30	160 : 80

4 Vergleiche die Ergebnisse.

a)	b)	c)	d)	e)
240 : 60	200 : 50	80 : 20	350 : 70	240 : 80
480 : 60	400 : 50	160 : 20	700 : 70	480 : 80
f)	**g)**	**h)**	**i)**	**j)**
160 : 40	150 : 30	360 : 90	180 : 60	280 : 70
320 : 40	300 : 30	720 : 90	360 : 60	560 : 70

5

a)	b)	c)	d)	e)
240 : ☐ = 8	120 : ☐ = 4	480 : ☐ = 8	360 : ☐ = 9	600 : ☐ = 10
240 : ☐ = 3	120 : ☐ = 2	480 : ☐ = 6	360 : ☐ = 4	600 : ☐ = 20
240 : ☐ = 6	120 : ☐ = 3	280 : ☐ = 7	360 : ☐ = 6	600 : ☐ = 30
240 : ☐ = 4	120 : ☐ = 6	280 : ☐ = 4	360 : ☐ = 12	600 : ☐ = 60

6

Mal und geteilt mit Zehnerzahlen

1 Herr Mayer verkauft Eier auf dem Wochenmarkt. Mittags hat er noch 3 Paletten mit je 30 Eiern und 12 Stück.

Wie viele Eier hat er noch?

2

a)	b)	c)
2 · 30 + 8	3 · 30 + 27	__ · 30 + 7 = 157
9 · 30 + 6	6 · 30 + 25	__ · 30 + 4 = 124
5 · 30 + 9	7 · 30 + 13	__ · 30 + 8 = 188
4 · 30 + 15	8 · 30 + 20	__ · 30 + 9 = 69

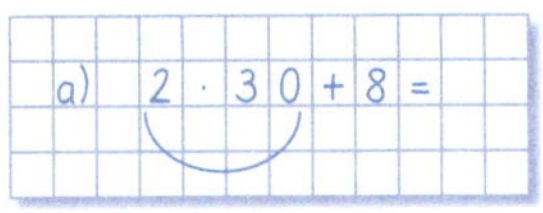

3 Wie viele Paletten?

a)	b)	c)
60 : 30	120 : 30	150 : 30
90 : 30	240 : 30	300 : 30
180 : 30	360 : 30	600 : 30

4 Wie kann verpackt werden?

a) Das Berghotel hat für das Wochenende 200 Eier bestellt.
b) Die Gaststätte Hoppe erhält 250 Eier.
c) Der Großhändler holt jeden Dienstag 1000 Eier.

5

a)	b)	c)	d)
7 · __ = 210	5 · __ = 250	8 · __ = 320	9 · __ = 270
7 · __ = 280	5 · __ = 350	8 · __ = 240	9 · __ = 540
7 · __ = 140	5 · __ = 150	8 · __ = 480	9 · __ = 630

e)	f)	g)	h)
60 · __ = 120	30 · __ = 270	90 · __ = 810	70 · __ = 700
60 · __ = 180	30 · __ = 240	90 · __ = 720	70 · __ = 210
60 · __ = 240	30 · __ = 210	90 · __ = 540	70 · __ = 420

i)	j)	k)	l)
50 · __ = 400	40 · __ = 160	__ · 30 = 180	4 · __ = 360
50 · __ = 200	4 · __ = 280	__ · 6 = 180	__ · 40 = 360
50 · __ = 100	__ · 8 = 560	2 · __ = 180	6 · __ = 360

6

a) 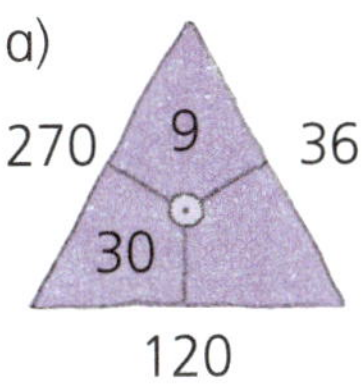

b) 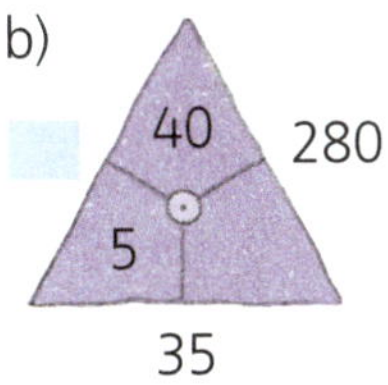

c) 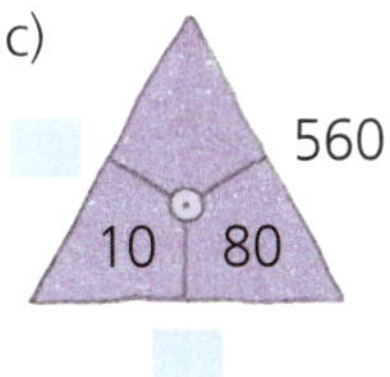

d) 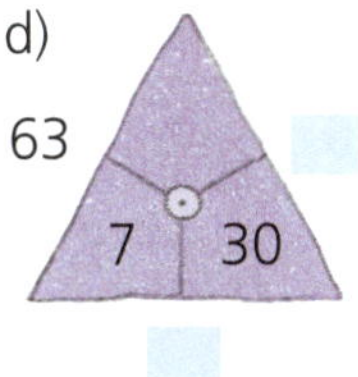

e) 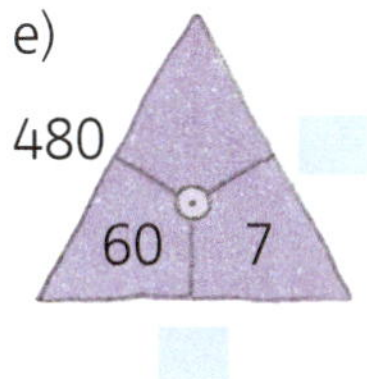

7

a) 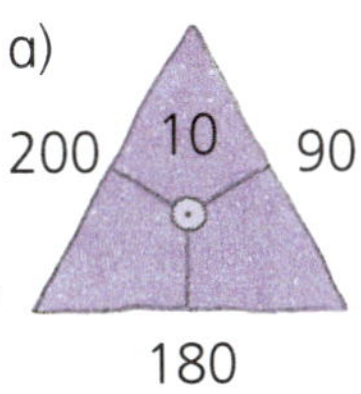

b) 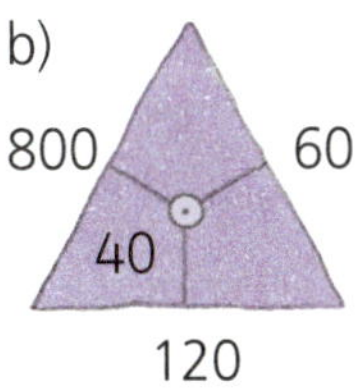

c) 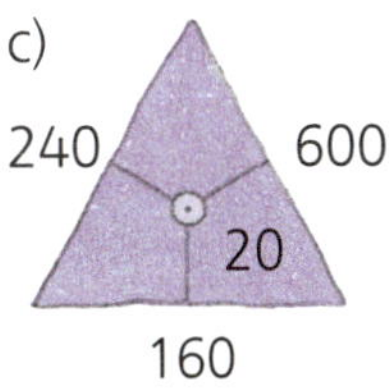

d) 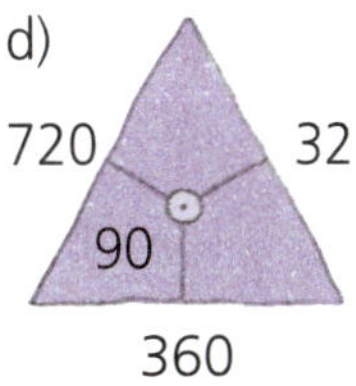

e) 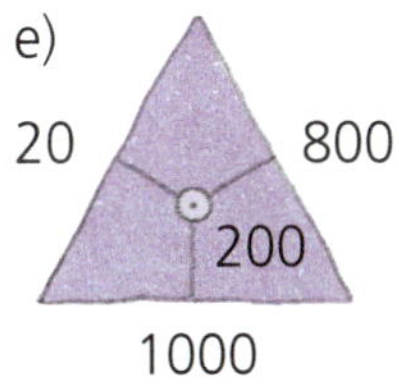

6 und 7 Evtl. Kopiervorlage verwenden.

Ungleichungen

1

Herr Horn fährt Bücherpakete zu den Schulen.
Ein Paket wiegt 40 kg.
Er darf bis zu 350 kg laden.

1 Paket		40 kg
2 Pakete		80 kg
3 Pakete		120 kg

☐ · 40 kg < 350 kg

Wie viele Pakete darf er einladen?
Finde alle Möglichkeiten.

2 Ein anderes Auto darf bis zu 500 kg laden. Wie viele Kisten?

a) 80-kg-Kisten
b) 60-kg-Kisten

a)	1 Kiste	80 kg
	2 Kisten	160 kg

c) 50-kg-Kisten
d) 90-kg-Kisten
e) 25-kg-Kisten
f) 120-kg-Kisten

3 Schreibe alle Zahlen auf, die du einsetzen kannst.

a) ☐ · 40 < 100
b) ☐ · 30 < 100
c) ☐ · 50 < 100

a) 0, 1, 2,

d) ☐ · 80 < 600
e) ☐ · 80 < 200
f) ☐ · 80 < 300

g) ☐ · 70 < 700
h) ☐ · 60 < 800
i) ☐ · 90 < 1000

4

a) ☐ · 90 < 400
b) ☐ · 70 < 500
c) ☐ · 50 < 300

d) ☐ · 40 < 400
e) ☐ · 30 < 300
f) ☐ · 20 < 100

g) ☐ · 80 < 700
h) ☐ · 60 < 600
i) ☐ · 70 < 300

j) ☐ · 250 < 250
k) ☐ · 250 < 1000
l) ☐ · 125 < 1000

5 Vergleiche.

a) 5 · 30 / 6 · 20

a) 5 · 30 > 6 · 20
   150   120

b) 7 · 40 / 6 · 50

c) 8 · 60 / 9 · 50

d) 4 · 60 / 3 · 80

e) 2 · 90 / 7 · 30

f) 80 · 7 / 8 · 90

g) 7 · 80 / 8 · 70

h) 90 · 5 / 7 · 60

i) 6 · 50 / 90 · 3

6

a) 3 · 90 ◯ 5 · 60
8 · 30 ◯ 6 · 40
9 · 20 ◯ 6 · 30
7 · 50 ◯ 9 · 40

b) 9 · 80 ◯ 8 · 90
6 · 60 ◯ 5 · 70
4 · 70 ◯ 3 · 90
3 · 60 ◯ 4 · 50

c) 8 · 60 ◯ 7 · 70
6 · 70 ◯ 8 · 50
4 · 80 ◯ 5 · 60
2 · 90 ◯ 3 · 70

d) 3 · 30 ◯ 5 · 20
5 · 30 ◯ 4 · 40
9 · 70 ◯ 8 · 90
6 · 40 ◯ 8 · 30

7 Suche die Zahlen.

a)
1. Spur: Sie ist eine Fünfzigerzahl.
2. Spur: Sie ist kleiner als 100.

b)
1. Spur: Sie ist eine Achtzigerzahl.
2. Spur: Sie ist auch eine Sechzigerzahl.
3. Spur: Sie ist kleiner als 300.

c)
1. Spur: Sie ist eine Vierzigerzahl.
2. Spur: Sie ist auch eine Sechzigerzahl.
3. Spur: Sie ist größer als 240.
4. Spur: Sie ist kleiner als 400.

d) Bilde eigene Zahlenrätsel.

Grundriss und Lageskizze

Bauernhaus (Ausgedinghaus), erbaut 1884

Der Grundriss entspricht genau dem Bauernhaus. Es ist verkleinert abgebildet.

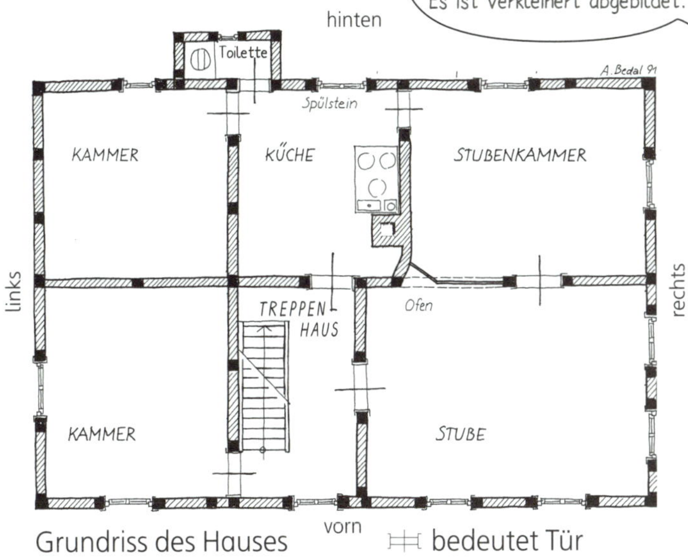

Grundriss des Hauses

bedeutet Tür

bedeutet Fenster

1 Die Klasse 3 besucht das alte Bauernhaus. Überlege am Grundriss.

a) Gruppe 1 geht vom Treppenhaus in die Küche, dann nach links in den nächsten Raum. Wo ist die Gruppe jetzt?

b) Gruppe 2 geht auch in die Küche, dann nach rechts und noch einmal nach rechts.

c) Gruppe 3 geht in die Küche, dann nach rechts, nach rechts und noch einmal nach rechts.

d) Gruppe 4 geht vom Treppenhaus in die Stube, dann nach links, noch einmal nach links und dann geradeaus.

e) Gruppe 5 geht in die Stube, dann 3-mal nach links und dann nach rechts.

f) Gruppe 6 will vom Treppenhaus durch die Stube zum Abort.

2 Michelle geht von der Küche in die Kammer. Wie muss sie gehen, damit sie aus dem Fenster schauen kann?

3 Familie Obermaier will das Bauernhaus umbauen. Sie benötigen in diesem Stockwerk Bad, Schlafzimmer, Wohnzimmer und Kinderzimmer. Zeichne einen passenden Grundriss.

4

a) Erkläre die Lageskizze des Bauernmuseums.

b) Die Schüler stellen sich am Eingang der alten Schule auf:

Auf der Lageskizze kannst du erkennen, wo die Gebäude ungefähr liegen.

Schatzsuche

Wenn du am Pausenhof für Buben vorbeigehst, von den Stangen für Klimmzüge nach links läufst und dann hinter einer Hecke nach rechts schaust, findest du in einem Brunnen einen Schatz.

c) Erstelle eine Lageskizze von eurem Schulgelände. Verstecke einen „Schatz" und beschreibe die Lage. Wer von deiner Klasse findet ihn?

Pläne – Wege

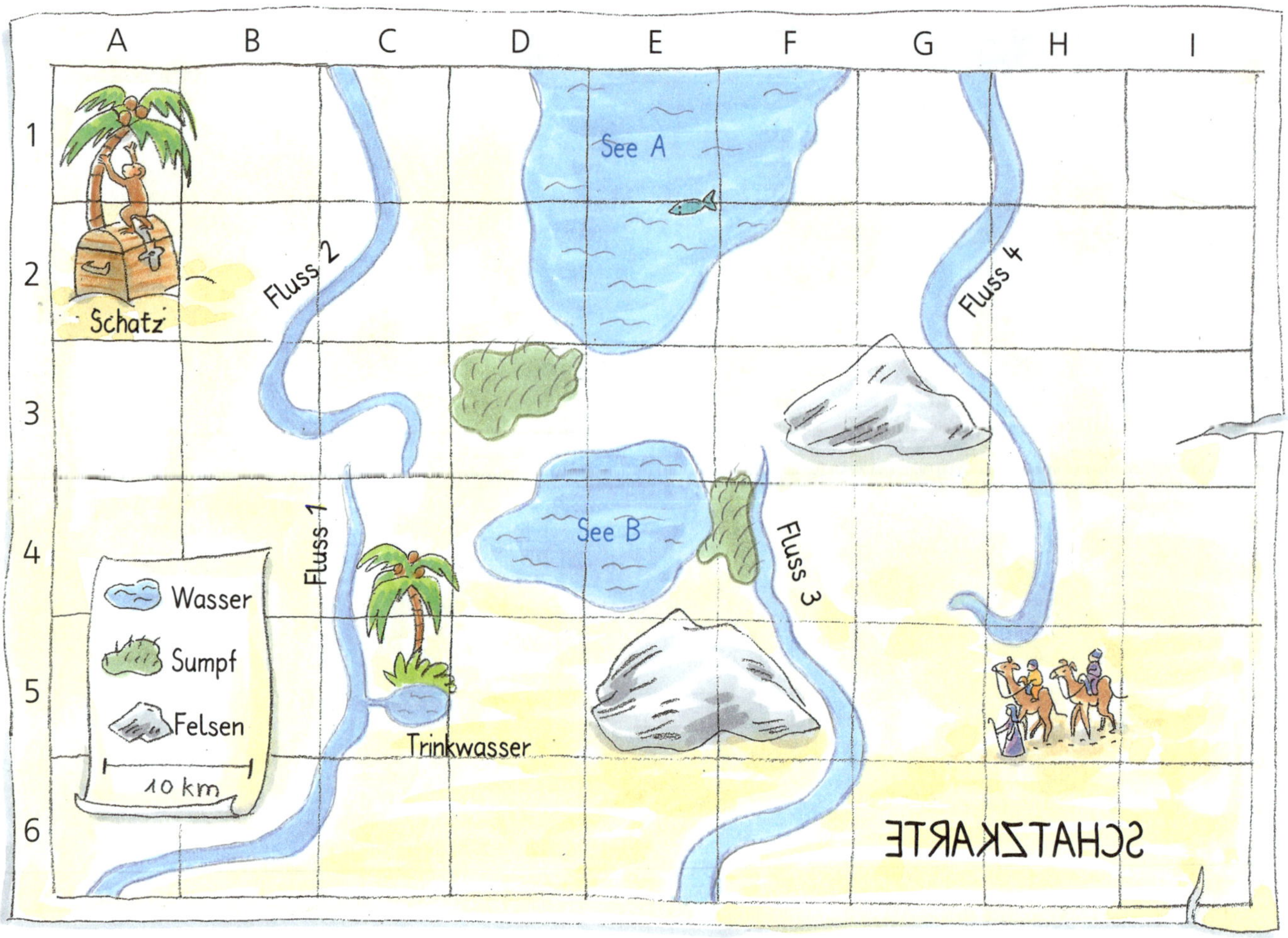

1 In welchem Feld findest du
a) die Schatzsucher beim Start?
b) das Trinkwasser?
c) einen Sumpf?
d) den Schatz?

a) H5

2 a) Durch welche Felder fließen die Flüsse?
b) In welchen Feldern liegen die Seen?
c) Wo findest du Felsen?
d) In welchen Feldern findest du gar nichts?

a) Fluss 1: C3 – C4 – C5
Fluss 2: C3 – B3 –

3 Welchen Weg können die Schatzsucher gehen, damit sie zum Schatz kommen? Beachte die Sümpfe, die Felsen und die Gewässer.

4

a) Biege einen dünnen Draht so, dass man die zurückgelegte Strecke sehen kann. Vergleiche mit deinen Nachbarn.
b) Miss die Strecke, indem du den Draht gerade biegst.

5 Zwei Schatzsucher haben sich vor dem Start einen Wegeplan gemacht. Sind diese Wege möglich?

a) H5 – G5 – G4 – F4 – E4 – D4 – C4 – B4 – A4 – A3 – A2
b) H5 – G5 – G4 – G3 – F3 – E3 – D3 – D4 – D5 – C5 – C4 – C3 – B3 – B2 – A2

W

6 617 987 794 800 705 862 – 410 423 426

191	194	207	279	282	295
368	371	374	377	384	390
436	439	452	561	564	577

3 und **4** Mehrere Lösungen sind möglich.

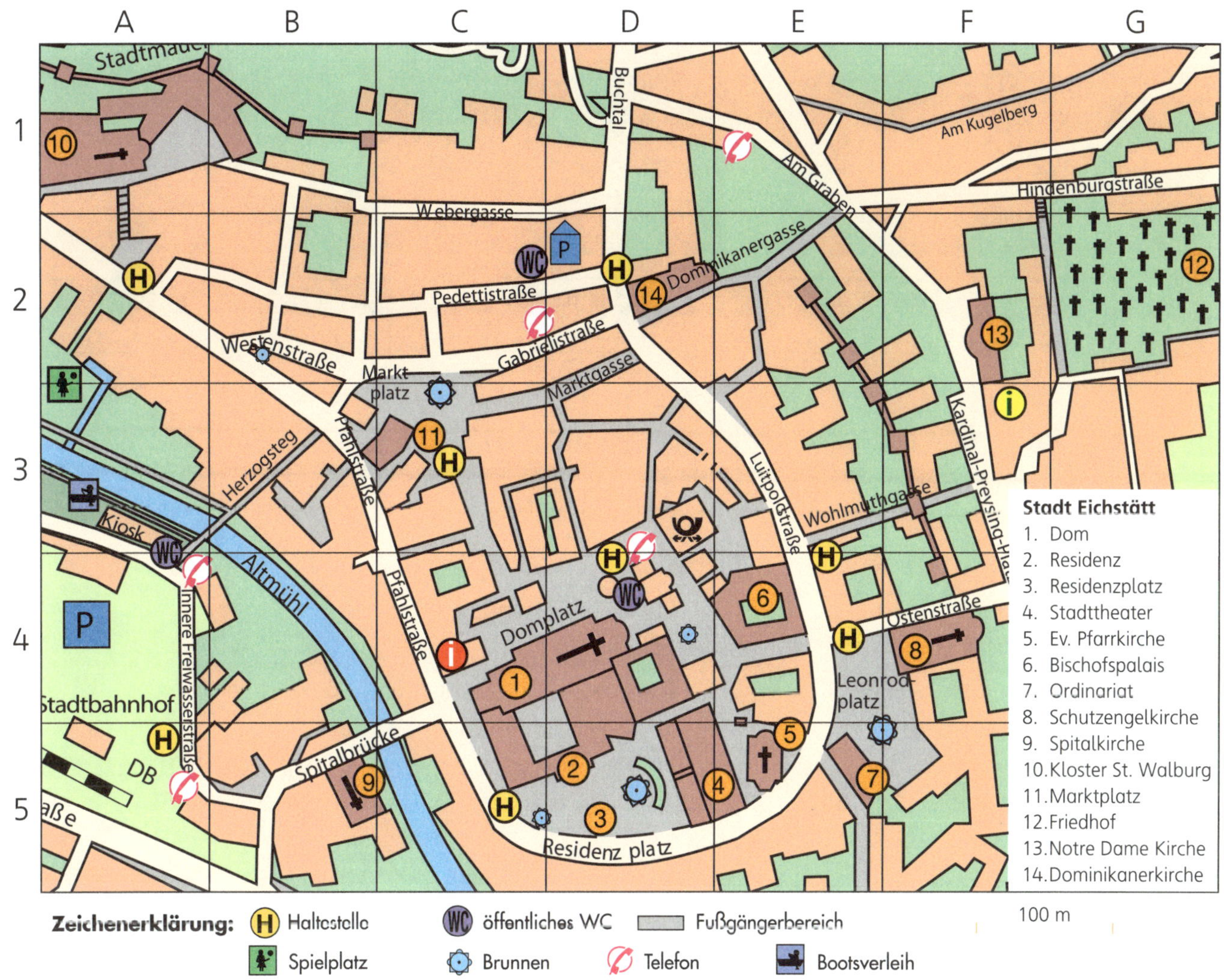

1 Zeige
a) den Bootsverleih im Feld A3.
b) den Spielplatz im Feld A3.
c) die Post im Feld D3

2 Was entdeckst du
a) im Feld G2?
b) im Feld A5?
c) im Feld C3?
d) im Feld E1?

3 Suche auf dem Ortsplan von Eichstätt die Sehenswürdigkeiten (1) bis (14). In welchen Feldern findest du sie?

4 Beschreibe den Weg.
Wie kommst du

a) vom Kloster St. Walburg zur Notre Dame Kirche?

b) vom Kloster St. Walburg zum Bahnhof?

c) vom Friedhof zum Ordinariat?

d) vom Buchtal zum Parkplatz am Bahnhof?

e) vom Friedhof zur nächsten Bushaltestelle?

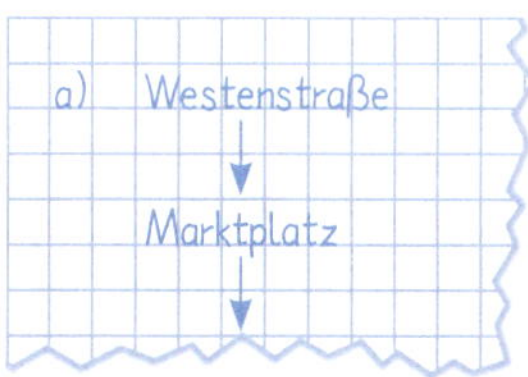

Zahlenfolgen

1 Suche jeweils weitere passende Zahlen.

a) 50, 150, 100, 200, 250

b) 333, 444, 555, 222

c) 204, 408, 102

d) 40, 80, 20, 160

e) 605, 603, 601, 607

f) 505, 707, 606, 808

2 Setze die Reihen fort.

a) Vielfache von 50	b) Vielfache von 20	c) Vielfache von 70	d) Vielfache von 80	e) Vielfache von 60
50	20	70	80	60
100	40	140	160	120
150	60	210	240	180
bis 500	bis 200	bis 700	bis 800	bis 600

3 Findest du Zahlen,

a) die Vielfache von 20 und zugleich Vielfache von 50 sind?

b) die Vielfache von 60 und Vielfache von 80 sind?

4 Setze die Reihen fort.

a) 50, 70, 90 340

b) 100, 125, 150 450

c) 500, 530, 560 800

d) 800, 760, 720 200

e) 500, 485, 470 275

f) 1000, 975, 950 600

5 Wie geht es weiter?

a)

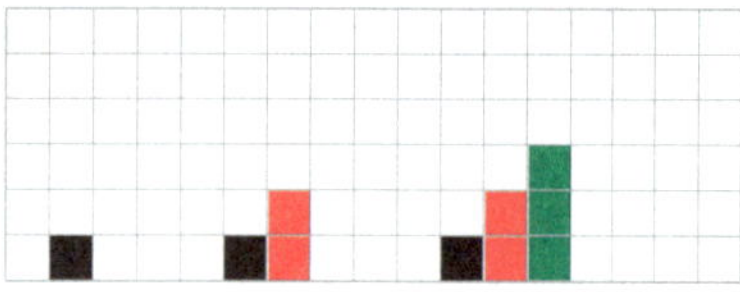

1 $\xrightarrow{+2}$ 3 $\xrightarrow{+3}$ 6 $\xrightarrow{+4}$

b)

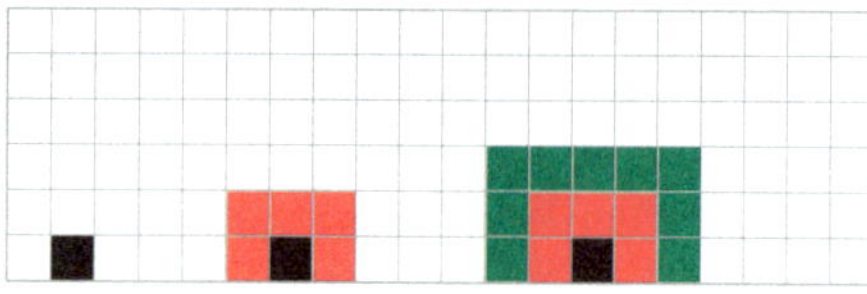

1 $\xrightarrow{+5}$ 6 $\xrightarrow{+9}$ 15 $\longrightarrow$

c)

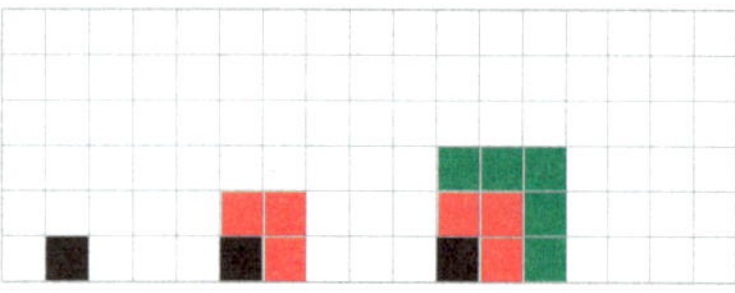

1 $\xrightarrow{+3}$ 4 $\xrightarrow{+5}$ 9 $\longrightarrow$

d)

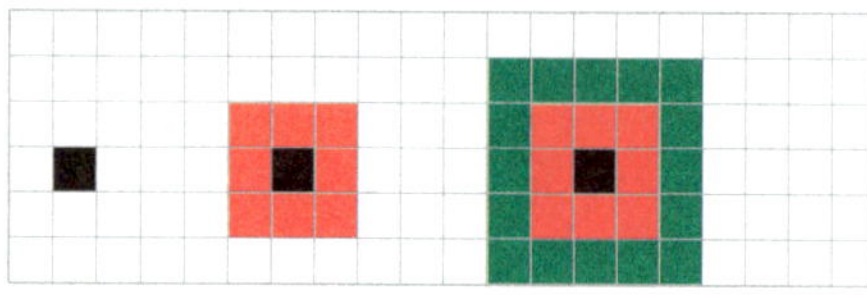

1 $\xrightarrow{+8}$ 9 $\xrightarrow{+16}$ 25 $\longrightarrow$

6 Wie geht es weiter?

a) 50, $\xrightarrow{+10}$ 60, $\xrightarrow{+20}$ 80, $\xrightarrow{+30}$ 110 600

b) 100, $\xrightarrow{+5}$ 105, $\xrightarrow{+10}$ 115, $\xrightarrow{+15}$ 130 375

c) 200, $\xrightarrow{-10}$ 190, $\xrightarrow{+50}$ 240, $\xrightarrow{-10}$ 230 $\xrightarrow{+50}$ 280 480

d) 2, $\xrightarrow{\cdot 2}$ 4, $\xrightarrow{\cdot 2}$ 8, $\xrightarrow{\cdot 2}$ 16.................................1024

7

Eine Schnecke kriecht am Tag 60 cm an der Mauer nach oben.
In der Nacht rutscht sie 40 cm zurück.

a) Wie hoch ist sie am Abend des siebten Tages?

b) An welchem Tag erreicht sie das Ende der 3 m hohen Mauer?

Zahlen klassifizieren

1

Zahlenraten
Es sind nur Fragen erlaubt, die mit „ja" oder „nein" beantwortet werden können.

a) Sucht solche Fragen.
b) Wie viele Fragen benötigt ihr, um eine dreistellige Zahl zu erraten?

2 Welche Zahlen bleiben hier noch übrig?

a) Spielanfang: Kleiner als 500? – nein; Zehnerzahl? – ja; Größer als 600? – nein

b) Spielanfang: Zwischen 300 und 400? – ja; Gerade Zahl? – nein; Kleiner als 350? – ja

3 Wer hat hier nicht aufgepasst? Begründe.

a) Klasse 3a:
Johannes: „Größer als 500?" nein
Tobias: „Zwischen 250 und 500?" nein
Michi: „4 Hunderter?" nein
Sofie: „Größer als 150?" ja

b) Klasse 3b:
Ines: „Zehnerzahl?" ja
Lara: „Zwischen 500 und 1000?" ja
Christine: „Kleiner als 800?" nein
Maria: „Kleiner als 700?" nein

4 a) Ordne die Aufgaben den Schachteln zu.

10 : 4, 17 : 4, 20 : 4, 11 : 4, 15 : 4, 21 : 4, 6 : 4, 40 : 4,
13 : 4, 26 : 4, 32 : 4, 30 : 4, 28 : 4, 14 : 4, 12 : 4, 32 : 4

Rest 0 | Rest 1 | Rest 2 | Rest 3

Rest 0:
20 : 4 =

b) Suche für jede Schachtel noch drei Aufgaben.
c) Weshalb kann hier nicht Rest 4 bleiben?

5 Sortiere die Ergebnisse.

12 : 2, 24 : 2, 54 : 2, 66 : 2, 94 : 2, 38 : 2, 50 : 2, 16 : 2,
28 : 2, 100 : 2, 36 : 2, 20 : 2, 70 : 2, 40 : 2

gerade Zahl | ungerade Zahl | kleiner als 20 | größer als 20

gerade Zahl:
12 : 2 = 6

Zeitdauer erfahren

1

Peter aus der Klasse 3 a und Tim aus der 3 b schreiben einen Text mit 50 Wörtern.

Wie kannst du feststellen, wer schneller schreibt?

2 Wie lange etwas dauert, kannst du mit unterschiedlichen Zeitmaßen beschreiben. Ordne zu.

3

a) Stelle ein Pendel aus einer 1 m langen Schnur und einem kleinen Gewicht her.

b) Dein Pendel schwingt in einer Sekunde einmal hin und her. Versuche ihm durch Zählen zu folgen: 21, 22, 23, …

c) Beobachte den Sekundenzeiger einer Uhr und vergleiche mit dem Zählrhythmus von 21, 22, 23, …

4 Wann vergeht für dich die Zeit langsam, wann schnell? Betrachte die Bilder. Lege eine Tabelle an und trage ein.

Tätigkeit	schnell	langsam
Hausaufgaben		

Eine Minute hat ▢ Sekunden.
1 min = ▢ s

1 Beim Lauf zeigten die Stoppuhren diese Zeiten. Wie viele Sekunden waren die Läufer unterwegs?

a) b) c) d) e)

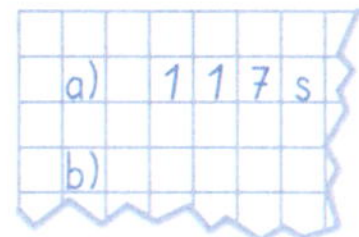

2 Wie viele Sekunden sind vergangen?

a) b) c) d) e) f)

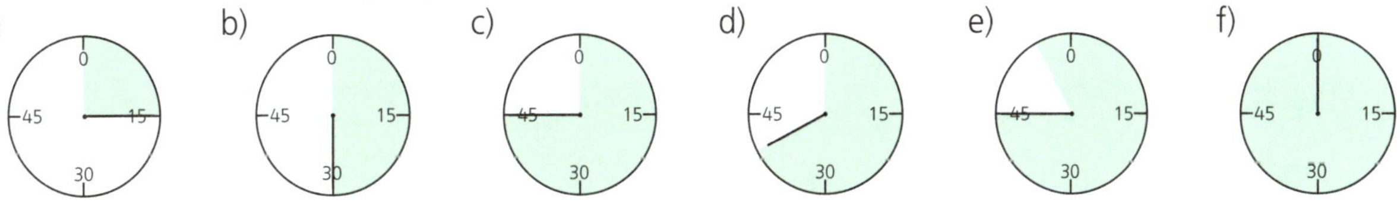

3 Wie viele Sekunden sind es?

a)	b)	c)
8 min	1 min 5 s	$\frac{1}{2}$ min
5 min	9 min 45 s	$2\frac{1}{2}$ min
2 min	3 min 10 s	$4\frac{1}{2}$ min
7 min	4 min 32 s	$8\frac{1}{2}$ min

4 Wie viele Minuten und Sekunden sind es?

a)	b)	c)
130 s	210 s	535 s
100 s	385 s	420 s
110 s	250 s	470 s
150 s	465 s	666 s

5

a) Schätze zuerst. Messt dann mit der Stoppuhr, wie lange ihr dafür braucht.
b) Findet weitere Tätigkeiten, die ihr in wenigen Sekunden erledigen könnt.

6

Zeitspannen – Stunden und Minuten

1 In wie vielen Minuten treffen sich die Kinder?

a)

b)

2 Wie viel Zeit ist jeweils vergangen?

a)

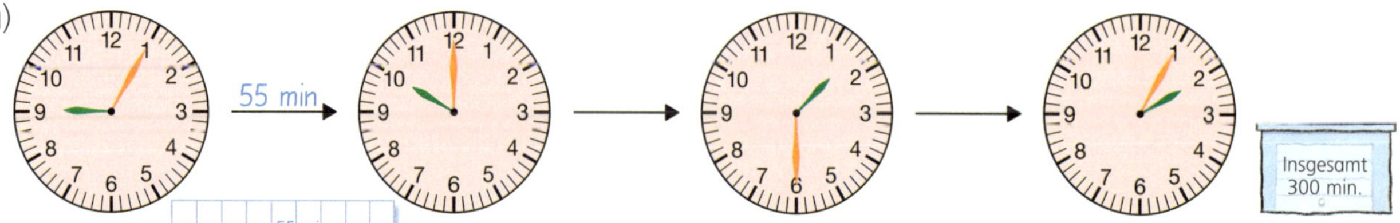

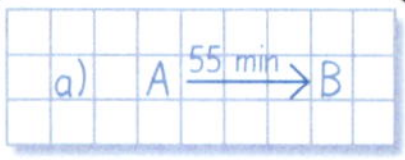

b)

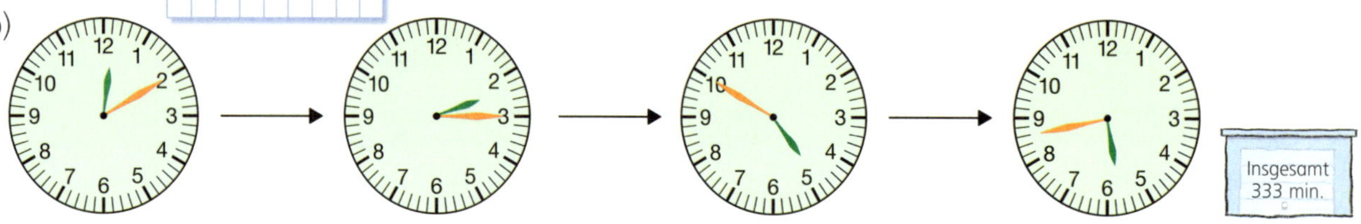

c)

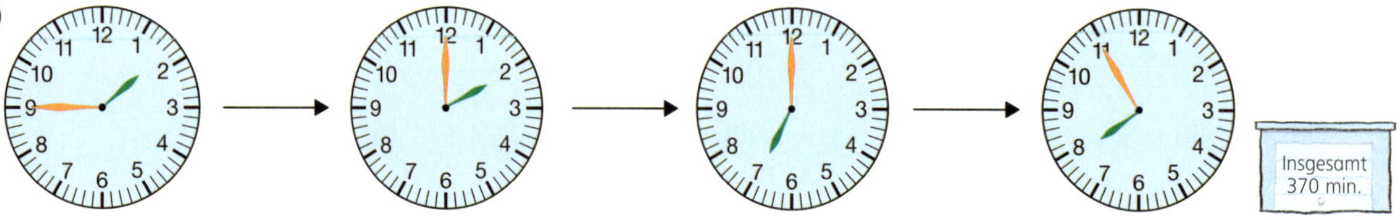

3 Wie viel Zeit verbringt Manuel in der Schule?

	von	bis
Montag	8:00 Uhr	12:35 Uhr
Dienstag	8:50 Uhr	11:30 Uhr
Mittwoch	8:00 Uhr	11:30 Uhr
Donnerstag	8:50 Uhr	13:15 Uhr
Freitag	8:00 Uhr	13:15 Uhr

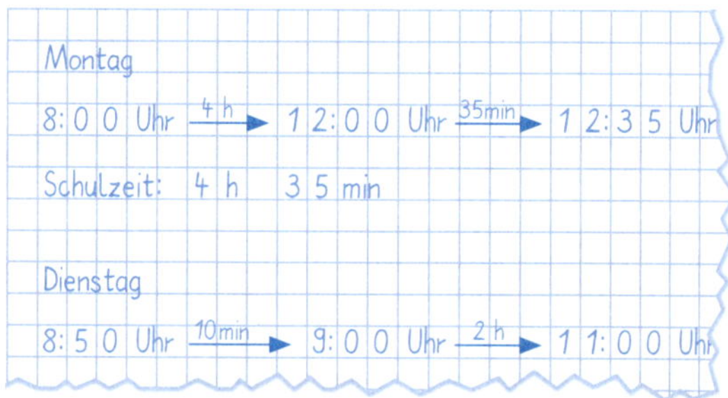

4

Hauptbahnhof München		
Zielort	**Abfahrt**	**Ankunft**
Augsburg	08:26 Uhr	09:02 Uhr
Frankfurt	10:26 Uhr	14:08 Uhr
Stuttgart	12:26 Uhr	14:47 Uhr
Berlin	14:17 Uhr	19:58 Uhr
Nürnberg	14:17 Uhr	15:39 Uhr

a) Berechne jeweils die Fahrtdauer.

b) Finde heraus, welche Zielorte es sein könnten.

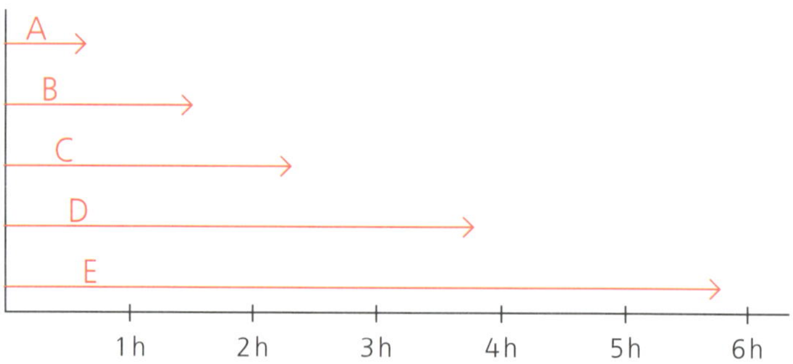

Sportfest

1 Beim Viertelstundenlauf sind die Kinder zu verschiedenen Zeiten gestartet. Ordne die Kinder nach ihrer Platzierung und berechne für jedes Kind die Endzeit.

Viertelstundenlauf			
Name	Start	Ende	Anzahl der Runden
Tobias	10:00 Uhr	10:15 Uhr	5
Nina	10:05 Uhr		7
Leo	10:15 Uhr		$4\frac{1}{2}$
Vroni	10:25 Uhr		$6\frac{1}{2}$
Karim	10:35 Uhr		5
Christine	10:48 Uhr		6

2 Die Lehrerin der Klasse 3 b hat bereits nach 5 min notiert, wie viele Runden die Kinder gelaufen sind. Vermute, wie viele Runden sie nach der Viertelstunde gelaufen sind.

Malik	2 Runden	Malte	$2\frac{1}{2}$ Runden
Andrea	$1\frac{1}{2}$ Runden	Johann	2 Runden
Hannah	3 Runden	Erika	1 Runde

3 Beim Orientierungslauf werden nur die vollen Minuten gemessen. Die Lehrerin hat die Start- und die Endzeit der Kinder aufgeschrieben.

Orientierungslauf		
	Start	Ende
Tobias	13:10 Uhr	13:35 Uhr
Nina	13:20 Uhr	13:42 Uhr
Leo	13:30 Uhr	13:51 Uhr
Vroni	13:40 Uhr	14:07 Uhr
Karim	13:50 Uhr	14:14 Uhr
Christine	14:00 Uhr	14:29 Uhr

Berechne, wie lange jedes Kind gebraucht hat. Ordne die Kinder nach ihrer Platzierung.

4

Berechne, wie weit die Kinder gesprungen sind.

a) Leo sagt: „Ich bin 1 m kürzer gesprungen als Christine."

b) Nina sagt: „Ich habe 7 cm mehr als Christine geschafft."

c) Vroni meint: „Um so weit zu springen wie Christine, müsste ich noch einen halben Meter mehr schaffen."

Tipp 6:
Mache dir eine Zeichnung.

5 a) Beim Ballweitwurf werden bei Tobias 15,50 m abgelesen. Letztes Jahr hat er 80 cm kürzer geworfen.

b) Vroni hat 3,50 m mehr geworfen als Karim. Karim schaffte 8,60 m.

6 Ben hat den Ball fünfmal so weit geworfen, wie er beim Weitsprung gesprungen ist. Tim warf 5,40 m weiter als Ben und schaffte damit das Doppelte von Lena. Lena warf den Ball nur 10,20 m. Wie weit ist Ben gesprungen?

Mit Bahn, Rad und Schiff

1

München → Ansbach 189 km			
Ab	**Zug**	**Umsteigen**	**An**
09:39	IC, RE, RB	Augsburg Treuchtlingen	11:59
09:44	ICE, IC	Nürnberg	12:06
09:51	RE, RB	Augsburg Treuchtlingen	12:59
11:44	IC	Augsburg	13:42
12:40	RE, RB	Treuchtlingen	15:01
13:06	RB, RE	Augsburg Treuchtlingen	15:59
13:41	IC, RE, RB	Augsburg Treuchtlingen	15:59
13:45	ICE, RE, RB	Augsburg Treuchtlingen	15:59

a) Frau Huber aus München möchte mit ihren Kindern zur Radtour ins Altmühltal. Sie will mit dem Zug um 9:51 Uhr nach Ansbach fahren. Wie lange dauert die Bahnfahrt?

b) Wie lange brauchen die anderen Züge nach Ansbach?

2 Familie Hägele kommt aus Stuttgart nach Ansbach, Familie Krüger aus Frankfurt.

a) Wie lange dauert die Fahrt von Familie Hägele?

b) Wie lange dauert die Fahrt von Familie Krüger?

c) Wer kommt zuletzt in Ansbach an?

Ihre Fahrtmöglichkeit	
Stuttgart	ab 10:40
Ansbach	an 12:50

Ihre Fahrtmöglichkeit	
Frankfurt	ab 10:18
Ansbach	an 12:47

3 Frau Huber bezahlt für die Bahnfahrt für sich und die beiden Kinder 104 €. Sie wollen an der Radwanderung „Entlang der Altmühl" teilnehmen. Wie viel bezahlt sie insgesamt?

4 Familie Hägele hat für die Radwanderung „Entlang der Altmühl" 450 € bezahlt. Wie viele Familienmitglieder sind mitgefahren?

5 Die Freunde aus Fankfurt haben für die Radwanderung 477 € bezahlt. Zusammen mit der Bahnfahrt haben sie 627 € ausgegeben.

a) Wie viele Personen waren es?

b) Wie viel hat die Bahnfahrt für jede Person gekostet?

6

Abfahrt	08 : 48	09 : 09	08 : 24	10 : 54	11 : 12	07 : 41	09 : 25	10 : 48
Fahrzeit	1 h 40 min					10 min	1 h 10 min	3 h 25 min
Ankunft	10 : 28	10 : 54	11 : 30	14 : 15	16 : 08			

7

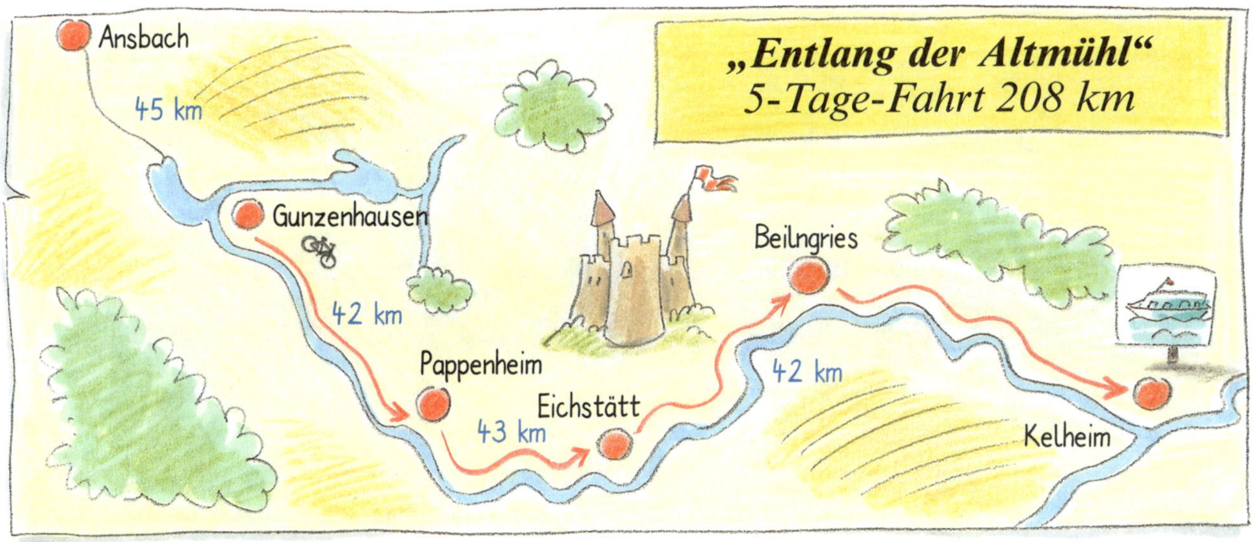

Wie lang ist die Teilstrecke Beilngries – Kelheim?

8 Am zweiten Abend in Pappenheim rechnet Thomas aus, wie viel Kilometer es noch bis zum Ende der Fahrt sind.

Streifenbild:

208 km		
45 km	42 km	Rest

9 Rechne für jeden Übernachtungsort aus, wie weit es noch bis Kelheim ist.
Zeichne jedes Mal ein Streifenbild für die Lösung.

10 Am vierten Tag kann Herr Krüger nicht mehr auf dem Sattel sitzen.
Er ist nur die Hälfte der Tagesstrecke mitgefahren.
Den Rest legte er mit dem Bus zurück.

42 km	
Rad	Bus

11 Welcher Text passt zu diesem Streifenbild?

40 €					
5 €					

Oma hat 40 € Taschengeld mitgegeben.
5 € davon gab Laura für ein Buch aus.
Den Rest will sie gleichmäßig auf die fünf Tage verteilen.

Familie Hägele gibt jeden Tag 40 € für Essen und Trinken aus.
Frau Hägele musste eine neue Mütze für 5 € kaufen.

Thomas hat von Oma 40 € mitbekommen.
Davon gibt er jeden Tag 5 € aus.

12

Fahrplan

ab Kelheim	11:30 Uhr
ab Prunn	12:55 Uhr
ab Riedenburg	13:30 Uhr
an Beilngries	16:30 Uhr

Am 6. Tag fahren alle mit dem Schiff wieder zurück nach Beilngries. Wie lange sind sie unterwegs?

Ferien auf dem Bauernhof

Ferienwohnung für bis zu 6 Personen
Preis pro Tag für die Wohnung 35 € (Saisonzuschlag 15.7.–31.8. für die Woche 50 €.)

Urlaub auf dem Bauernhof in Bayern

Fuchshof Marktoberdorf
Bauernhof mit Kühen, Hasen, Hühnern und einem Pferd.

Danelehof Seeg
Familienhof mit Blick auf die Seeger Seen. Kühe, Hasen, Hühner und Spielwiese.

Ferienwohnung für 2 bis 6 Personen
Preis pro Person und Tag 14 €. Kinder die Hälfte.

1

Familie Scherer will im August zwei Wochen Urlaub auf dem Bauernhof machen. Familie Scherer sind Vater, Mutter und 3 Kinder.

a) Berechne die Kosten für einen Aufenthalt auf dem Danelehof.

b) Berechne die Kosten für einen Aufenthalt auf dem Fuchshof.

c) Besprecht, wie sie sich entscheiden sollen.

2 Familie Kruse hat vom 1. Juli bis 8. Juli einen Aufenthalt auf dem Danelehof gebucht. Wie viel müssen sie für die Ferienwohnung bezahlen?

Juli

Mo	Di	Mi	Do	Fr	Sa	So
		1	2	3	4	5
6	7	8	9	10	11	12

3 Familie Scherer hat auf dem Fuchshof für 10 Übernachtungen gebucht. Es fährt noch eine Freundin von Tochter Lisa mit. Wie viel müssen sie für diesen Aufenthalt bezahlen?

4

> Auf unserem Hof gibt es 74 Beine. Hier leben 6 Menschen, 9 Hühner und 5 Hasen.
> Außerdem haben wir noch Kühe.
> Wer herausbekommt, wie viele Kühe es sind, bekommt von uns einen Grillabend spendiert.

Bauer Fuchs vom Fuchshof hat dieses Rätsel ins Gästebuch geschrieben. Bekommst du heraus, wie viel Kühe es sind?

Tipp 6
Mache dir eine Zeichnung zur Rechengeschichte.

5 Die anderen Bauern finden das Rätsel gut. Sie wollen es für ihren Hof aufschreiben.

a) Auf dem Ried-Bauernhof leben 6 Menschen, 15 Hühner, 1 Hund und 8 Kühe.

b) Auf dem Hinterberghof leben 8 Menschen, 5 Ziegen und 10 Kühe.

Kannst du die Rätsel aufschreiben?

6

Kaiserliche Fischweiher

Einfache Ganztageswanderung über gute Bauernstraßen und Feldwege

Seeg – Seeleuten	40 min
Seeleuten – Oberreuten	1 h 10 min
Oberreuten – Schweinegg	20 min
Schweinegg – Eisenberg	50 min
Eisenberg – Enzenstetten	1 h 30 min
Enzenstetten – Seeg	1 h

Einkehrmöglichkeiten:
Café Panorama in Seeleuten
Gasthof Schlossbergalpe auf dem Eisenberg

Familie Scherer kann die Zeiten des Wanderführers einhalten. Sie gehen um 08:30 Uhr in Seeg los, machen in Seeleuten 45 min und auf dem Eisenberg 1 h Pause.

Wann ist die Familie Scherer in Seeg zurück?

7 Familie Scherer macht einen Ausflug an den Bodensee. Sie sind um 08:00 Uhr in Lindau und fahren mit dem Schiff zur Insel Mainau.

Von Lindau zur Insel Mainau ***über Friedrichshafen, Meersburg***

Lindau		08:23	09:44	10:47
Bad Schachen				11:02
Wasserburg		08:43	10:04	11:17
Nonnenhorn		08:53	10:14	11:27
Kressbronn		08:58	10:22	11:35
Langenargen		09:18	10:42	11:55
Friedrichshafen	an	09:43	11:08	12:20
Friedrichshafen	ab	09:53	11:20	12:25
Immenstaad		10:23	11:50	12:55
Hagnau		10:38	12:05	13:10
Meersburg	an	10:53	12:21	13:25
Meersburg	ab	11:10	12:32	13:30
Insel Mainau		11:47	12:52	13:50

Von der Insel Mainau nach Lindau ***über Meersburg, Friedrichshafen***

Insel Mainau		13:25	14:50	16:30
Meersburg	an	13:45	15:10	|
Meersburg	ab	13:55	15:20	|
Hagnau		14:10	15:35	|
Immenstaad		14:25	15:50	|
Friedrichshafen	an	15:00	16:20	17:35
Friedrichshafen	ab	15:05	16:25	17:40
Langenargen		15:30	16:50	|
Kressbronn		15:50	17:10	|
Nonnenhorn		15:58	17:18	|
Wasserburg		16:08	17:28	|
Bad Schachen		16:23	17:43	|
Lindau		16:38	17:58	18:45

a) Wie lange braucht das Schiff?

b) Sie wollen mindestens 2 h auf der Insel Mainau sein. Wann können sie zurückfahren? Wann kommen sie wieder in Lindau an?

c) Gibt es auf dem Schiffsfahrplan eine schnellere Verbindung von der Insel Mainau nach Lindau?

8 Am Sonntag macht Familie Scherer einen Ausflug nach Ulm. Das sind von Marktoberdorf aus 108 km. Vater Scherer sagt: „Ich schaffe in einer Stunde etwa 72 km." Familie Scherer fährt um 09:30 Uhr in Marktoberdorf ab. Wann sind sie etwa in Ulm?

9 Leider kann man auf dem Fuchshof nicht reiten. Auf dem Nachbarhof kann man Ponyreiten, eine Stunde für 7 €. Christine reitet zweimal, Lisa viermal.

10 Familie Kruse hat für das Ponyreiten eine Punktekarte mit 10 Punkten. Damit kann man 10-mal eine Stunde reiten. Die Karte kostet 50 €.

11 Kann das stimmen?

A 3 Tage auf dem Fuchshof kosten für 2 Personen weniger als 100 €.

B Familie Scherer ist am Donnerstag von 14:30 Uhr bis 18:00 Uhr gewandert. Das waren mehr als 4 Stunden.

C Bauer Fuchs hat auf seinem Hof 18 Tiere. Deshalb ist er 40 Jahre alt.

G Das Ponyreiten mit der Punktekarte kostet 10 € für zwei Stunden.

D Auf dem Danelehof gibt es 15 Tiere. Sie haben 25 Beine.

E Auf dem Hintertaler-Hof kostet eine Woche 85 €. Das sind mehr als 12 € am Tag.

F Am Bodensee braucht man mit dem Schiff von Lindau nach Friedrichshafen mehr als 2 Stunden.

H Die Kinder in Bayern haben den ganzen Monat Juli und den ganzen Monat August frei.

I Auf dem Danelehof kostet eine Woche Anfang Juli 50 € weniger als im August.

J Ein Bodenseeschiff braucht von der Insel Mainau nach Friedrichshafen 65 min.

Daten sammeln und auswerten

1 Sammelt Daten aus eurer Schule.
Wie viele Mädchen, wie viele Jungen sind im 3. Schuljahr?
Wie viele Kinder gibt es im 1. Schuljahr, im 2. und 4. Schuljahr?
Tragt die Ergebnisse in eine Tabelle ein.

Grundschule ...			
Schuljahr	Mädchen	Jungen	Summe
1			
2			
3			
4			
Summe			

2 Führt eine Umfrage zum Thema Lieblingsfach durch.
Tragt die Daten in eine Tabelle ein.

3 Wie viele Kinder betreiben die jeweilige Sportart?
Schreibe nach der Größe geordnet auf.

3) Judo: ungefähr 50 Kinder

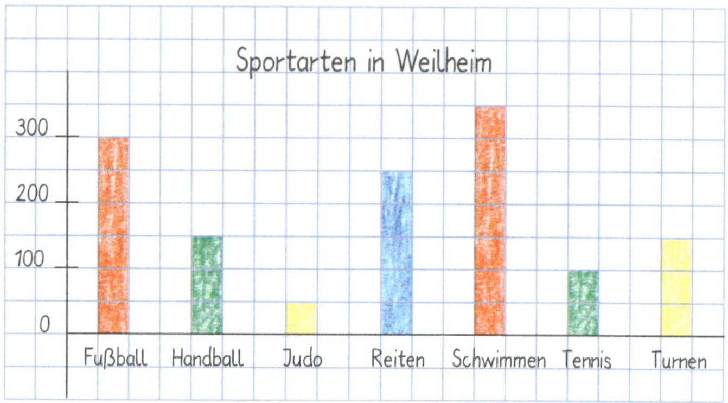

4

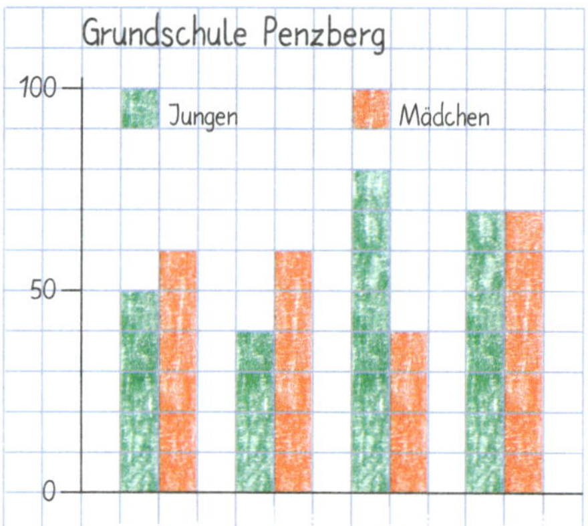

Grundschule Penzberg			
	Jungen	Mädchen	Summe
1. Schuljahr	50		
2. Schuljahr			
3. Schuljahr			
4. Schuljahr			
Summe			

Übertrage die Daten in eine Tabelle. Berechne die Summen.

5 Vier Klassen der Bergschule wollen einen Ausflug machen.
Sie haben abgestimmt.
Erkläre das Abstimmungsergebnis.
Ein Kästchen steht für zwei Kinder.

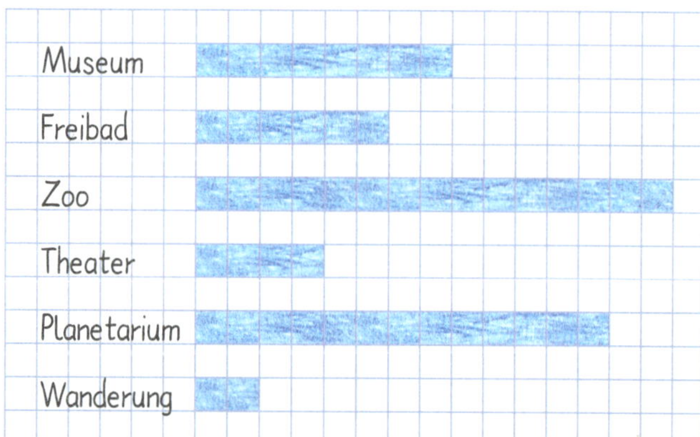

1 Diff.: Ein Schaubild gestalten.
2 Gruppenarbeit. Verschiedene Darstellungen vergleichen.

6 Die Kinder der 3. Klassen an der Ludwig-Thoma-Schule haben unterschiedliche Hobbys.
Computerspiele sind am beliebtesten.
Nur halb so viele Kinder lesen Bücher.
Die wenigsten Kinder malen gerne.
Sportverein und Musikschule sind gleich beliebt.
Wie viele Kinder üben welches Hobby aus?

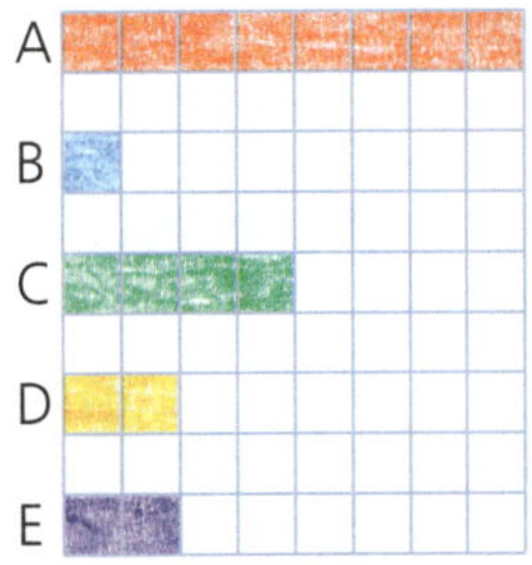

Ein Kästchen steht für 10 Kinder

7 Die Klasse 3a hat Aufgaben für euch geschrieben.

a) In unserer Schule sind 283 Kinder. 149 sind Mädchen. *Lea*

b) Unsere Schule will mit 283 Kindern ins Kino fahren. 17 davon sind krank. *Max*

c) Mein neuer Ranzen hat 73 € gekostet, die Federmappe 15 € und Hefte 8 €. *Laura*

d) Unsere Tafel ist kaputt. Wenn wir sie neu kaufen, kostet sie 560 €. Wir brauchen Ablagekörbchen für 52 €. *Jonas*

e) In unserer Klassenkasse hatten wir 84 €. Beim Klassenfest haben wir 47 € eingenommen. Ausgegeben haben wir 42 €. *Sarah*

f) Jeden Tag gehe ich zur Schule hin und zurück 18 Minuten. Gestern ging mein Bruder mit. Wie lange dauerte der Schulweg? *Niklas*

g) Unsere Schule gibt es seit 1960. Wie alt ist sie jetzt? *Julia*

8

a) Mein Lieblingsfach ist Musik. Welches Fach mögen die Kinder in eurer Schule am liebsten? *Marie*

b) Unser Hausmeister hat 112 Getränke bestellt, davon 78 Kakao und Erdbeermilch. Der Rest ist Milch. *Christian*

c) Meine Telefonnummer hat viermal eine 2. Welche Ziffer ist in deiner Klasse am häufigsten? *Anne Tel. 220322*

W

9 starke Päckchen 2

a)	b)	c)	d)
1000 = ☐ · 200	500 = ☐ · 100	800 = ☐ · 100	400 = ☐ · 100
1000 = ☐ · 100	500 = ☐ · 50	800 = ☐ · 200	400 = ☐ · 50
1000 = ☐ · 500	500 = ☐ · 250	800 = ☐ · 80	400 = ☐ · 80
1000 = ☐ · 250	500 = ☐ · 125	800 = ☐ · 40	400 = ☐ · 40
1000 = ☐ · 4	500 = ☐ · 10	800 = ☐ · 400	400 = ☐ · 200
1000 = ☐ · 8	500 = ☐ · 5	800 = ☐ · 800	400 = ☐ · 400

1 Schätze das Gewicht der Tiere. Ordne die Tiere nach ihrem Gewicht.
Die Buchstaben ergeben ein Lösungswort.

390 kg | 45 kg | 6 kg | 2 kg | 450 g | 150 g | 25 g | $\frac{1}{2}$ g

Kuh
390 kg
N

2

a)	b)	c)
36 kg · 10	230 g : 10	5 kg · 50
64 kg · 10	560 g : 10	7 kg · 60
9 kg · 10	700 g : 10	9 kg · 30
74 kg · 10	400 g : 10	4 kg · 40
99 kg · 10	50 g : 10	6 kg · 40
7 kg · 10	290 g : 10	8 kg · 20

3

25 g ◯ 25 kg
150 g ◯ 15 g
2 kg ◯ 2 g
17 kg ◯ 150 g
17 g ◯ 17 kg
500 g ◯ 5 kg

4 Welche Beträge sind gleich?

22 Ct | 0,63 € | 2 € 2 Ct | 3 € 30 Ct | 0,22 € | 4 € 44 Ct
0,75 € | 7 € 50 Ct | 5 € | 3,30 € | 1 € 10 Ct | 99 Ct | 2,02 € | 0,50 €
11 Ct | 75 Ct
7,50 € | 4,44 € | 50 Ct | 0,11 € | 9 € 9 Ct
63 Ct | 1,10 € | 0,99 € | 5,00 € | 9,09 €

22 Ct = 0,22 €

5 Überschlage und rechne dann schriftlich.

a)	b)	c)	d)	e)
689 – 238	762 – 147	428 – 163	850 – 268	466 – 37
954 – 334	854 – 599	719 – 248	907 – 435	517 – 64
869 – 465	591 – 357	532 – 368	319 – 253	600 – 74

6

a)	b)	c)	d)	e)
312 + 238	762 + 147	428 + 163	450 + 268	466 + 37
454 + 334	354 + 599	219 + 248	207 + 435	517 + 64
569 + 405	591 + 357	532 + 368	389 + 253	687 + 74

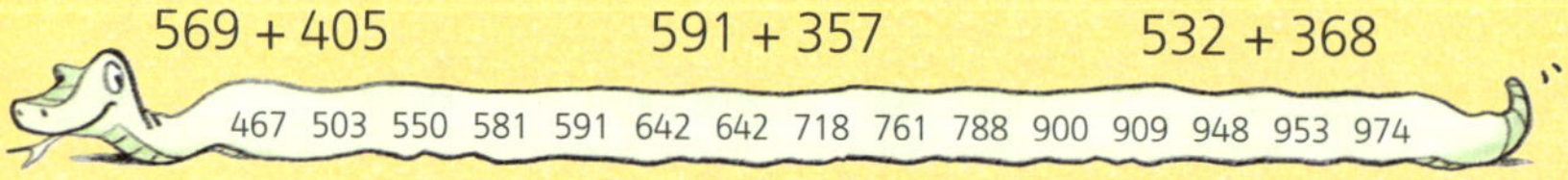

1 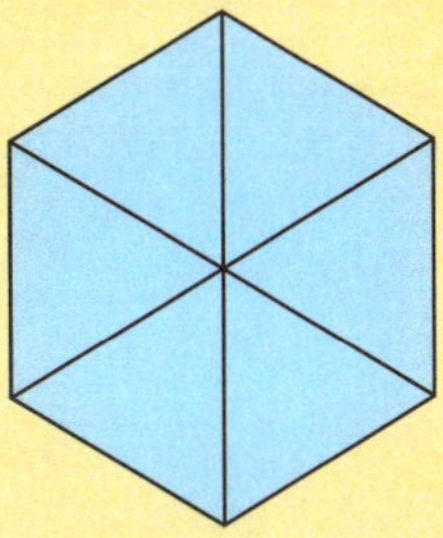

Setze den Spiegel so auf das Sechseck, dass du die Figuren A bis F siehst.

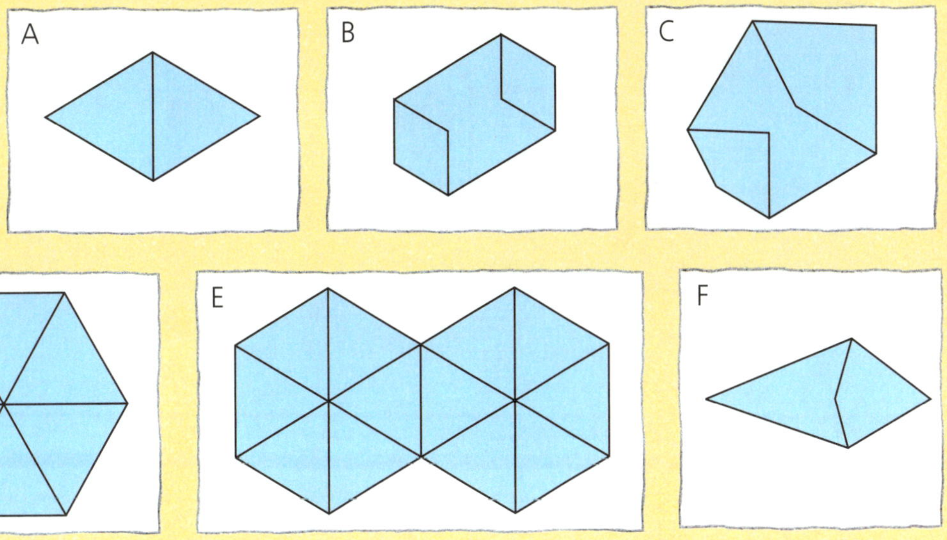

2 Zeichne die Figuren ab. Ergänze symmetrisch.

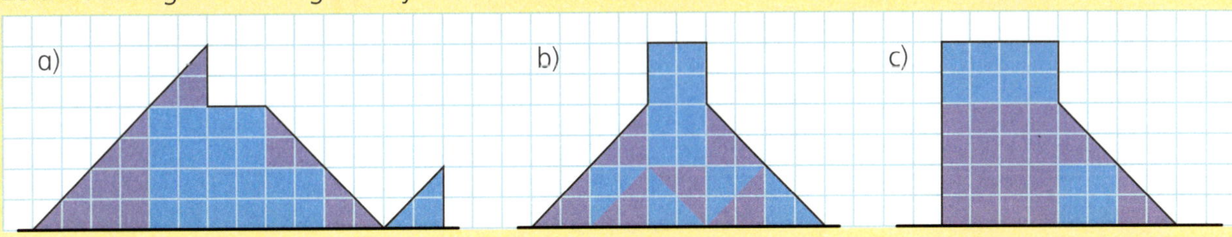

3 Die Flächen in einer Reihe sollen gleich groß sein. Eine passt nicht.

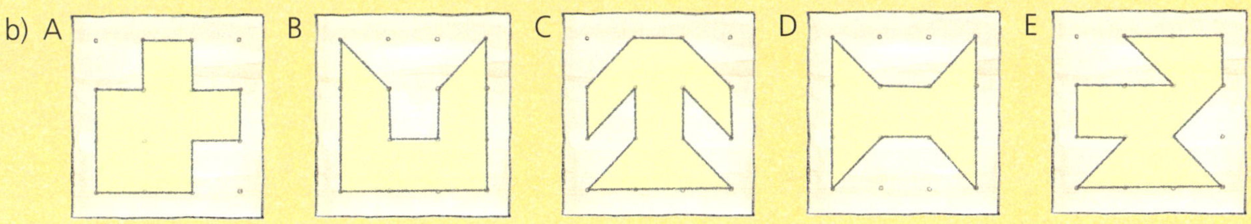

4 Welche Strecke ist am längsten? Vermute erst. Miss dann.

Sachaufgabenwerkstatt

Wähle Aufgaben aus und rechne sie.
Schreibe anschließend auf, ob sie einfach ●, mittelschwer ● oder schwierig ● waren.

1 Tina soll 1,50 m Paketschnur abschneiden. Das Stück wird 3 cm zu lang.

2 Bauer Otto baut den Weg entlang einen 30 m langen Zaun. Alle 2 m setzt er einen Zaunpfosten. Wie viele Zaunpfosten braucht er?

3 Bello wird am Tag dreimal ausgeführt. Zwei Mal sind es je 15 min, einmal 1 h. Wie lange wird Bello in einer Woche ausgeführt?

4 Lisa fährt mit dem Rad zu Ben. Bei der Abfahrt zeigt der Fahrradcomputer 295 km an, bei der Rückkehr 326 km. Bei der Hinfahrt hat Lisa einen Umweg von 7 km gemacht. Wie weit wohnt Lisa von Ben entfernt?

5 Jan hat 96 Modellautos. Sein Freund Muhammed hat nur halb so viele.

6 Tim fliegt in den Ferien mit seiner Mutter nach Mallorca. Das Flugzeug startet um 8:15 Uhr. Der Flug dauert 2 h.

7 Sina kauft ein Fahrrad für 395 € und Fahrradzubehör für 38,75 €. Der Helm kostet noch zusätzlich 19,90 €. Sina hat 500 €.

8 Frau Meise kauft für den Winter 3 Beutel mit je 12 Hirsestangen für ihre Vögel. Sie verfüttert jede Woche 4 Hirsestangen. Wie lange reicht das Futter?

9 Buket wirft nur 1-€-Stücke und 2-€-Stücke in ihre Spardose. Sie hat 100 € in der Spardose. Es sind doppelt so viele 1-€-Stücke wie 2-€-Stücke.

10 Lina geht mit ihren Eltern ins Kino. Der Eintritt kostet für Erwachsene 9 €, Kinder zahlen die Hälfte. Wie viel kostet der Kinobesuch?

11 Ein Wettersatellit kann nur noch 9 Tage lang senden. Jeden Tag sendet er von 8:45 Uhr bis 12:30 Uhr und von 16:15 Uhr bis 21:30 Uhr. Wie viele Stunden übermittelt er noch Bilder?

12 Tom kauft 2 Dosen Tennisbälle zu je 5 €, einen Tennisschläger und Turnschuhe. Die Turnschuhe kosten gleich viel wie der Tennisschläger. Insgesamt muss er 170 € bezahlen.

13 Ina hat 90 €. Sie spart jede Woche 4 €. Wie lange dauert es, bis sie 120 € hat?

14 Lisa und Lara wiegen zusammen 70 kg. Lisa wiegt 6 kg mehr als Lara.

1

Welche Augensumme gewinnt? – Ein Spiel mit zwei Würfeln.

Spielregeln für 4 Spieler 

- Jeder Spieler schätzt zu Beginn, welche Augensumme seiner Meinung nach bei **40 Würfen** am häufigsten gewürfelt wird.
- Dann wird gewürfelt. Nach jedem Wurf bekommt der Spieler einen Punkt, der die gewürfelte Augensumme geschätzt hat.
- Sieger ist, wer am Schluss die meisten Punkte hat.

2 a) Werft nun 72-mal mit zwei Würfeln. Führt in einer Tabelle eine Strichliste über die Augensummen, die ihr gewürfelt habt.

Augensummen

2	3	4	5	6	7	8	9	10	11	12
		II								

b) Was fällt euch auf?

c) Schreibt in eine Tabelle, wie man jede Augensumme würfeln kann. Welche Augensummen sind am wahrscheinlichsten, welche am wenigsten wahrscheinlich?

2	3	4	5	6	7	8	9	10	11	12
1 + 1	2 + 1									
	1 + 2									

d) Welche Rolle spielt der Zufall beim Würfeln?

3 Wenn man häufig mit zwei Würfeln wirft, dann

A fällt die Augensumme 2 selten.
B fällt die Augensumme 12 oft.
C fällt die Augensumme 14 nie.
D fällt die Augensumme 8 häufig.
E fällt 7 mit großer Wahrscheinlichkeit.
F fällt 6 mit kleinster Wahrscheinlichkeit.
G ist 9 doppelt so wahrscheinlich wie 11.
H ist 9 halb so wahrscheinlich wie 5.

Welche Sätze sind wahr? Begründe deine Entscheidungen.

4 a) Leon, Ali und Emma werfen mehrmals mit zwei 20-Cent-Münzen.

Leon sagt: „Am wahrscheinlichsten fällt: 

Emma sagt: „Am wahrscheinlichsten fällt: 

Ali sagt: „Am wahrscheinlichsten fällt:  oder 

Wer hat deiner Meinung nach recht? Begründet eure Entscheidung.

b) Macht ein Experiment mit 30 Würfen.

Das haben wir im dritten Schuljahr gelernt

Die Zahlen bis 1 000

7 6 2 | 7 0 0 | 6 0 | 2

762 bedeutet 700 + 60 + 2

5 0 4 | 5 0 0 | 4

504 bedeutet 500 + 4

Nachbarzahlen

761	762	763

Nachbarzehner

760	762	770

Nachbarhunderter

700	762	800

Zahlen runden

Beim Runden auf Hunderter werden die Zahlen durch die näher gelegenen Nachbarhunderter ersetzt.

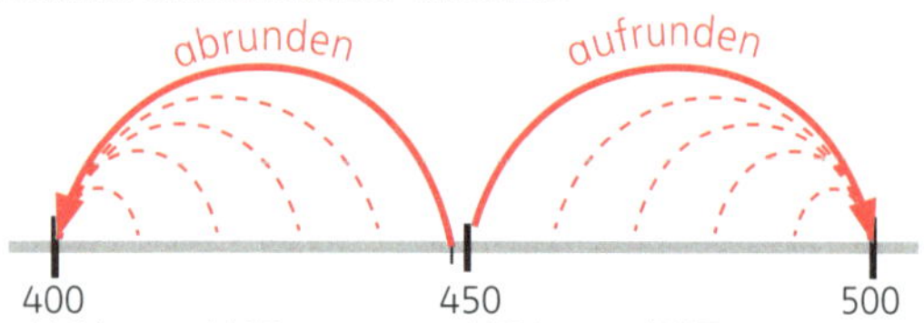

449 ist rund 400 450 ist rund 500

Beim Runden auf Zehner werden die Zahlen durch die näher gelegenen Nachbarzehner ersetzt.

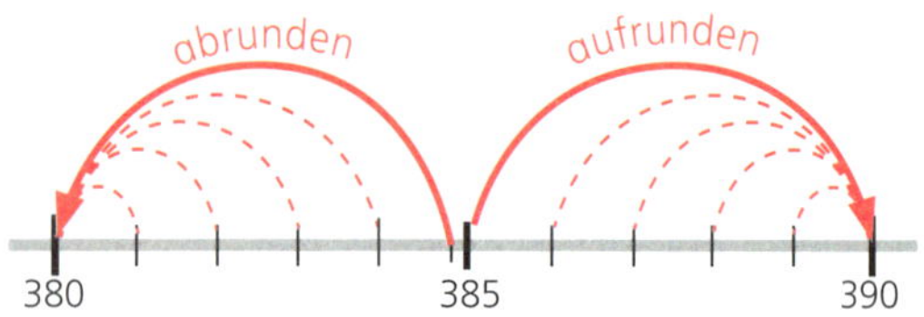

384 ist rund 380 385 ist rund 390

Schriftlich rechnen – plus

	H	Z	E
	2	3	5
+	3	5	4
	5	8	9

Einer: 4 plus 5 gleich 9
Zehner: 5 plus 3 gleich 8
Hunderter: 3 plus 2 gleich 5

	H	Z	E
	5	7	8
+	1	4	6
	1	1	
	7	2	4

Einer: 6 plus 8 gleich 14
4 an, 1 gemerkt
Zehner: 5 plus 7 gleich 12
2 an, 1 gemerkt
Hunderter: 2 plus 5 gleich 7

Schriftlich rechnen – minus

	H	Z	E
	7	5	9
–	2	1	7
	5	4	2

Einer: 9 minus 7 gleich 2
Zehner: 5 minus 1 gleich 4
Hunderter: 7 minus 2 gleich 5

	H	Z	E
		4	
	6	~~5~~	2
–	2	1	7
	4	3	5

Einer: 2 minus 7 geht nicht; eins herüber bleibt 4; 12 minus 7 gleich 5
Zehner: 4 minus 1 gleich 3
Hunderter: 6 minus 2 gleich 4

Überschlagsrechnungen

Beispiele: 564 + 328
vereinfachen zu
560 + 330 = 890
oder zu
600 + 300 = 900
(genau 892)

824 – 331
vereinfachen zu
820 – 330 = 490
oder zu
800 – 300 = 500
(genau 493)

Lösungstipps für Sachaufgaben

Tipp 1
Informationen sammeln.

Der Altmühlweg ist 208 km lang.

Tipp 2
Mit Tabellen arbeiten.

Bücher	Preis
1 Buch	3,50
2 Bücher	7,00
3 Bücher	10,50

Tipp 3
Schrittweise vorgehen.

1. Gesamtpreis
2. Gegeben
3. Rückgeld

Tipp 4
Schreibe die wichtigen Angaben auf.

gespartes Geld	390 €
Preis Fahrrad	185 €
Preis Helm	47 €

Tipp 5
Ein Streifenbild zur Aufgabe zeichnen.

Gewicht Inhalt	Gewicht Verpackg.
Gesamtgewicht	

Tipp 6
Mache dir eine Zeichnung zur Rechengeschichte.

0 km — 317 km (Pause) — 500 km

Tipp 7
Von anderen Kindern Tipps für die Lösung erfragen.

Längen

10 mm = 1 cm
100 cm = 1 m
1000 m = 1 km

mm = Millimeter; cm = Zentimeter; m = Meter; km = Kilometer

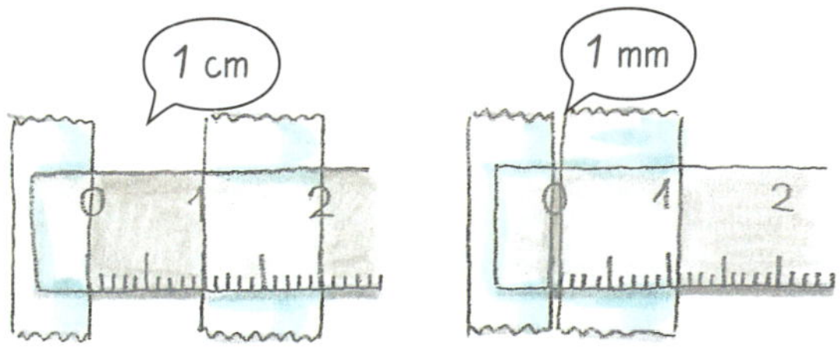

Würfelnetze

Beispiele:

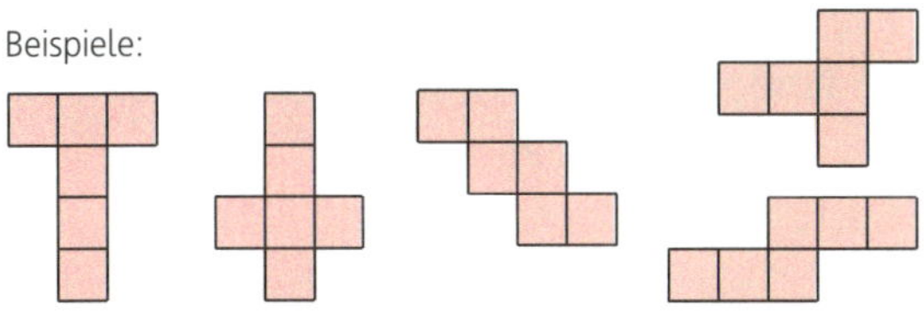

Gewichte

1000 g = 1 kg
1000 kg = 1 t

g = Gramm; kg = Kilogramm; t = Tonne

etwa 1 g

etwa 1 t

etwa 1 kg

Körper

	Name	Ecken	Spitzen	Kanten	Flächen
	Kugel	/	/	/	1
	Zylinder	/	/	2	3
	Quader	8	/	12	6
	Kegel	/	1	1	2
	Würfel	8	/	12	6
	Prisma	6	/	9	5
	Pyramide	4	1	8	5

Zeit

60 s = 1 min
60 min = 1 h
24 h = 1 Tag

s = Sekunde; min = Minute; h = Stunde

9:12 Uhr vormittags oder 21:12 Uhr abends

14:47 Uhr nachmittags oder 2:47 Uhr nachts

19:24 Uhr abends oder 7:24 Uhr morgens

Mal und geteilt mit Zehnerzahlen

Beispiel:

$6 \cdot 30$

$6 \xrightarrow{\cdot 3} 18 \xrightarrow{\cdot 10} 180$

Beispiel:

$240 : 80$

$240 \xrightarrow{:10} 24 \xrightarrow{:8} 3$

Symmetrische Figuren

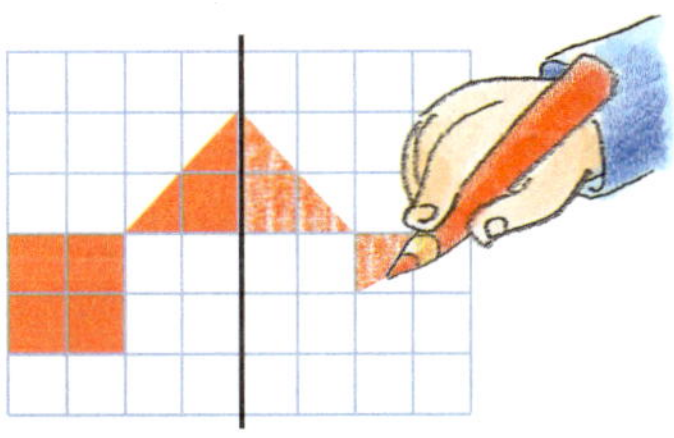

- deckungsgleiche Hälften
- mindestens eine Spiegelachse (Faltachse, Symmetrieachse)

Der Lerninhalt „Tonne" aus dem Bereich Größen und der Lerninhalt „Prisma" aus dem Bereich Flächen- und Körperformen sind zusätzliche Angebote.

Knobelaufgaben

1 Wie viele verschiedene dreifarbige Fahnen sind möglich, wenn man nur die Farben blau, rot, gelb verwenden darf?
Zeichne sie auf.

2 Ein Ball fällt von einer 16 Meter hohen Mauer. Nach jeder Bodenberührung springt er nur noch halb so hoch.
Wie viele Meter hat er zurückgelegt, wenn er zum dritten Mal den Boden trifft?

3 Am Schalter einer Fluggesellschaft wurden 39 Koffer aufgegeben. Acht Passagiere gaben genau ein Gepäckstück auf, 5 Fluggäste jeweils drei Koffer und die übrigen Passagiere je zwei Gepäckstücke.
Wie viele Passagiere haben diese 39 Koffer aufgegeben?

4 Lege 2 Streichhölzer so um, dass aus den Rechtecken sechs Quadrate entstehen!

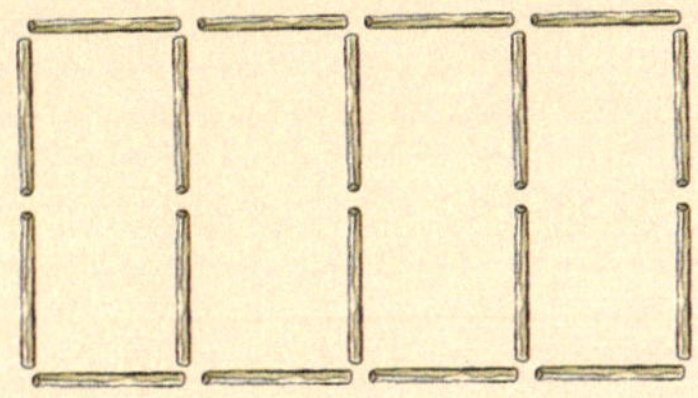

5 Felix ist bei seinem Buch auf Seite 17. Das ist eine rechte Seite. Sein Buch endet auf der Seite 52.
Wie oft muss Felix noch umblättern?

6 An einem See wächst eine Seerosenart so gut, dass sie sich pro Tag verdoppelt. Nach zwei Wochen ist der See völlig zugewachsen.
Wann haben die Seerosen die Fläche zur Hälfte bedeckt?

7 Wie viele Würfel sind es?

8 In der ersten Fußball-Bundesliga gibt es 18 Mannschaften. Jede Mannschaft spielt gegen jede andere ein Heim- und ein Auswärtsspiel.
Wie oft muss jede Mannschaft spielen?

9 Wie viele Quadrate findest du?

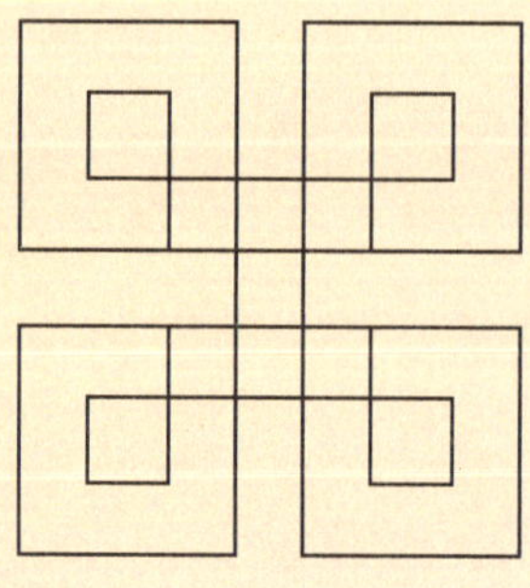